如何确保你的科研数据真实可靠

NEVER WASTE A GOOD CRISIS

[荷] 克拉斯·西茨马
Klaas Sijtsma 著

齐心 译

从一个明星学者的数据欺诈事件学到的教训

LESSONS LEARNED FROM DATA FRAUD AND QUESTIONABLE RESEARCH PRACTICES

新华出版社
—— 北京 ——

图书在版编目（CIP）数据

如何确保你的科研数据真实可靠：从一个明星学者的数据欺诈事件学到的教训 /（荷）克拉斯·西茨马著；齐心译. -- 北京：新华出版社, 2025.6. -- ISBN 978-7-5166-7949-4

I. G30

中国国家版本馆 CIP 数据核字第 2025XN4356 号

Never Waste a Good Crisis: Lessons Learned from Data Fraud and Questionable Research Practices

By Klaas Sijtsma

COPYRIGHT © 2023 Klaas Sijtsma

All Rights Reserved.

Authorized translation from the English language edition published by Chapman and Hall/CRC, a member of the Taylor & Francis Group, LLC

本书贴有 Taylor & Francis 公司防伪标签，无标签者不得销售。

北京市版权局著作权合同登记号：01-2025-2958

如何确保你的科研数据真实可靠：从一个明星学者的数据欺诈事件学到的教训

作者：[荷] 克拉斯·西茨马	译者：齐心

出版发行：新华出版社有限责任公司

（北京市石景山区京原路 8 号　邮编：100040）

印刷：天津画中画印刷有限公司

成品尺寸：145mm×210mm　1/32	印张：8　　字数：165 千字
版次：2025 年 8 月第 1 版	印次：2025 年 8 月第 1 次印刷
书号：ISBN 978-7-5166-7949-4	定价：78.00 元

版权所有·侵权必究

如有印刷、装订问题，本公司负责调换。

微店

视频号小店

抖音

京东旗舰店

扫码添加专属客服

微信公众号

喜马拉雅

小红书

淘宝旗舰店

前言

本书涵盖了违反研究诚信（如捏造和篡改数据）带来的统计后果，以及研究人员的小过失（被称为有问题的研究行为）。本书的独特之处在于，它论述了不正当的数据操纵是如何损害研究结果的，以及有问题的研究行为通常是由研究人员对其数据分析所使用的统计方法和程序掌握不足造成的。作者认为，无论研究成果是如何产生的，要防止研究成果的可信度出现问题，就必须在公开的资料库中公布数据，并鼓励没有接受过统计培训的研究人员不要高估自己的统计技能，而要求助于统计学家或方法论专家的专业支持。

作者讨论了他的一些经历，这些经历涉及相互信任、害怕报复和旁观者效应等，而这些都阻碍了揭露同事可能存在的违反诚信的行为。他解释了人们无法模拟真实数据的原因,以及使用统计模型编造数据仍然缺乏可信度的原因。他还讨论了确证性研究和探索性研究、预注册的有用性以及统计学的反直觉性质。作者质疑有关频率假设检验、贝叶斯因子使用、更多的统计教育和减少诸如业绩压力等情境干扰的统计建议的有效性,认为当研究人员缺乏统计经验时,仅靠这些建议本身,并不足以减少有问题的研究行为。

目录

第1章 为什么选择本书?   001
  写作本书的原因：一个案例研究   002
  更广阔的视角：制度缺陷和统计的使用   009

第2章 欺诈和有问题的研究行为   017
  方法和统计失误   019
    欺诈：捏造、篡改和剽窃   019
    意　外   023
    失误：有问题的研究行为   024
  使用次优方法和不正确使用方法是否属于有问题的研究行为?   046
  启　示   051
  附录 2.1：方法概念   051
  附录 2.2：多元回归模型   055

第3章 从数据欺诈中学习 　　　　　　　　　　059

后见偏差（Hindsight Bias） 　　　　　　　　　060

成为减少不端行为催化剂的斯塔佩尔案 　　　066

促进负责任研究行为的其他措施 　　　　　　073

启　示 　　　　　　　　　　　　　　　　　　078

第4章 调查数据的捏造和篡改 　　　　　　　　　081

委员会的部分调查结果 　　　　　　　　　　　083

数据操纵对统计结果的影响 　　　　　　　　　089

零假设显著性检验 　　　　　　　　　　　　　090

更改和复制分数 　　　　　　　　　　　　　　093

真实数据中可能出现相同的数据行吗？ 　　　097

人类思维作为一种数据生成机制 　　　　　　102

统计模型作为一种数据生成机制 　　　　　　111

结束语 　　　　　　　　　　　　　　　　　　114

启　示 　　　　　　　　　　　　　　　　　　116

附录4.1：统计检验、功效和效应值 　　　　117

附录4.2：模拟数据 　　　　　　　　　　　　122

第5章 确证和探索 　　　　　　　　　　　　　　127

确证和探索比作捕鱼 　　　　　　　　　　　　130

确证性实验和探索性实验 　　　　　　　　　　135

预注册、复现和理论 　　　　　　　　　　　　143

确证性调查和探索性调查	150
预注册探索性调查	155
启　示	156

第6章　有问题的研究行为的原因　　159

统计是困难的	164
生日问题	164
多重假设检验	167
登上月球	168
多元数据中的指数增长	170
直觉主宰，理性推理落后	173
启　示	184
附录 6.1：二项概率和正态近似值	185

第7章　减少有问题的研究行为　　187

可能无效的建议措施	189
另一个 p 值？	189
采用贝叶斯方法？	192
更多的统计教育？	197
减少情境因素对有问题的研究行为的影响？	201
两项建议	205
开放数据和研究细节	205
让专家指点迷津：统计咨询	209

启　示　　　　　　　　　　　　　　212
　　附录 7.1：贝叶斯统计　　　　　　　213

参考文献　　　　　　　　　　　　　　217
致　谢　　　　　　　　　　　　　　　247

第1章

为什么选择本书?

写作本书的原因：一个案例研究

2011年9月，时任蒂尔堡大学社会与行为科学学院院长的迪德里克·斯塔佩尔（Diederik Stapel）数据造假的事件成为全世界的头条新闻，这所大学也突然变得众所周知。院长迪德里克·斯塔佩尔是荷兰著名的社会心理学家，时年40多岁，在荷兰和其他国家的同行中享有很高的声望，他的学生几乎对他顶礼膜拜。当时，他已经发表了100多篇文章，大部分发表在知名科学杂志上。蒂尔堡大学社会心理学系的三位年轻研究人员不明白，为什么他们的研究成果总是不尽如人意，而斯塔佩尔的研究成果却无懈可击，他们决心弄明白到底是什么导致了如此大的反差。他们意识到调查的敏感性，以最谨慎的态度秘密地收集了几个月的证据，然后为他们的假设提供了令人信服的支持，即斯塔佩尔的研究和科学杂志上的报告出了大问题。在掌握了足够的信息后，他们迈出了勇敢的一步,并成功地说服了他们的指导教授。指导教授毫不犹豫地直接与斯塔佩尔当面对质,并在对质的基础上,于当周周末通知了马格尼菲科斯校长(相当于盎格鲁·撒克逊大学的教务长)。马格尼菲科斯校长立即给斯塔佩尔打了电话,邀请他在周六晚上到自己家里,对相关消息做出回应。随后的交流让马格尼菲科斯校长有理由在一周后秘密向学校管理团队的其他成员通报了这一涉嫌数据造假的事件。

一年多前,前任院长及其团队卸任,大学执行委员会计划任命迪德里克·斯塔佩尔为社会与行为科学学院的新院长。在一次正式会议上,他们征求了学院各系主任的意见。我是方法论和统计学系主任,因此他们也邀请了我。系主任们认为,斯塔佩尔是一位富有创造力的科学家,也是一位热情洋溢的思想传播者,希望他能很好地代表学院,但对他缺乏管理经验表示担忧。他们倾向于任命一位行政管理经验丰富的副院长来弥补斯塔佩尔的经验不足。由于我曾担任方法论与统计学系主任长达十年之久,并一直活跃在其他行政和管理岗位上,我的几位同事看中了我。经过讨论,我同意了。几天后,斯塔佩尔任命我为研究副院长。我于2010年9月1日正式上任,一起工作的还有执行委员会任命的院长斯塔佩尔、前任院长几个月前任命的教育副院长以及新任命的常务董事。我们四人组成了学院新的管理团队。

恰好一年后的2011年9月1日,我和常务董事一起被紧急邀请到马格尼菲科斯校长的办公室,他告诉我们,他已经有充分理由怀疑斯塔佩尔存在数据欺诈行为。这一明显的欺诈行为持续了大约15年，包括斯塔佩尔在20世纪90年代与阿姆斯特丹大学的合作关系，以及在蒂尔堡大学聘用他之前的2000至2006年与格罗宁根大学的合作关系。此外，斯塔佩尔已经承认的欺诈行为还牵涉荷兰国内外许多大学的几十名共同作者，更有甚者，还牵涉几名前任和现任博士生，他们的工作可能会受到导师不当行为的严重影响。由于斯塔佩尔显然无法再担任院长职位，大学很可能会终止与他的合同，因此马格尼菲科斯校长请我考虑担任临时院长，并且马上就作出决定，以便在接下来的几天里秘密上任。我同意了。

马格尼菲科斯校长已经联系了蒂尔堡大学一位退休的方法论和统计学教授以及一位在职的刑法学教授，邀请他们担任调查数据欺诈指控的委员会成员，他们都同意了。在我同意担任临时院长几小时后，马格尼菲科斯校长和我会见了其中一位被提名的委员会成员。根据大学的规定，委员会主席必须由其他学术机构的教授担任。我们很快达成一致，认为荷兰皇家艺术与科学院的前任院长是一个合适人选，并决定邀请奈梅亨马克斯·普朗克心理语言学研究所的实验心理语言学退休教授威廉·（"皮姆"）·利夫特［Willem（"Pim"）Levelt］担任主席。马格尼菲科斯校长打了一个电话，皮姆·利夫特立刻意识到了事态的严重性和对整个心理学的利害关系，他毫不犹豫地答应了。

回顾在斯塔佩尔手下任职的一年，我并没有对他的虚假研究活动产生任何怀疑。在我担任副院长之前，除了几次简短的客套谈话，我几乎不认识他，但知道他作为一位杰出的科学家的名声。我对他所从事的研究知之甚少，只知道他是一名社会心理学家，可能从事实验研究。作为一名统计学家，我很少与从事实验研究的同事接触。一般来说，实验者都有自己的数据分析方法，他们通常采用一种标准的统计分析方法——方差分析法，这种方法非常适合分析来自实验设计的数据，而且他们通常都很清楚如何进行分析。因此，他们并不愿意向统计学家寻求帮助，事实上也没有人征求过我或我同事的意见。作为院长，斯塔佩尔主要关注的是一些重大问题，比如为我们学院新建一座大楼，以及与大学执行董事会讨论学院的未来。他把日常的工作交给副院长们去做，自己几乎不插手。在我原本四年任期的第一年，我的主要任务是创建一门新的硕士研究课程以取代一个不再获得国家资助的项目，并准备一份自评报告用于每六年一次的全国心理学研究项目评估。

我还记得一件奇特的事，在一次每周例会上，我惊讶地发现管理团队的其他成员都收到了著名期刊《科学》(Science)决定发表的斯塔佩尔一篇论文的预印本。而我却没有收到。在之前的几个星期里，斯塔佩尔一直在谈论这篇论文的主题，即满是垃圾的车站大厅对人们产生刻板印象和歧视倾向的影响。因为我对这类研究并不特别感兴趣，而且还有很多其他事情要做，所以我决定不去理会没有收到预印本的事。仅仅几个月后，在马格尼菲科斯校长向我通报了斯塔佩尔的欺诈行为后，我才知道那篇发表在《科学》期刊的文章（Stapel & Lindenberg，2011；已撤回）完全是一个骗局，是在办公桌后面编造出来的，包括显示所谓研究结果的表格。现在，我作为临时院长给《科学》期刊编辑写了一封邮件，告知他有关欺诈的指控，以及想起了我从未收到过的预印本。现在回想起来，我不禁要问，如果我收到并阅读了这篇文章，是否会注意到其中的不妥之处。后来，我与一位统计学同行在谈到这篇文章时，他说当他读到这篇文章时，他想知道斯塔佩尔是如何在一个复杂的研究地点（如一个拥挤的大火车站）收集数据的。不过，这个想法只是在他脑海中一闪而过，他也就释然了。他没有注意到报告结果中有任何异常，但可能是因为没有仔细看。这主要表明，从怀疑一两个所谓的不一致之处到明确怀疑，需要跨出一大步。

在执行董事会通知我并且非正式任命我为临时院长的当天，和常务董事一起，我与主管教育的副院长进行了交谈，他非常生气；此外还与那位通知了马格尼菲科斯校长的社会心理学教授进行了交谈，可想而知，他当时非常难过。在接下来的几天里，有两个问题对大学尤为重要。第一个问题是让斯塔佩尔正式承认，这样大学就可以终止跟他的聘用合同。第二个问题是尽快成立研究委员会，并明确其官方职责。我们——由校长马格尼菲科斯担任主席的一小群心腹——认为这两个问题对于确定何时向大学师生和公众通报此事至关重要。我们希望尽快发布消息，因为我们认为有必要尽快通知共同作者、博士生、已毕业的博士生和同事们。幸运的是，马格尼菲科斯校长和斯塔佩尔以及双方代表律师的会面为终止斯塔佩尔的合同提供了正式依据。一旦委员会成员同意参与这项无疑将是紧张且艰难的工作，成立委员会就变得轻而易举了。迈过这两道坎之后，我们决定公之于众。

9月7日，在马格尼菲科斯校长秘密通知我6天之后，也就是在斯塔佩尔的同事向马格尼菲科斯校长举报涉嫌欺诈事件后的两周多后，他和我向大学师生和媒体作了通报。也就是说，马格尼菲科斯校长是发言人，我在必要时介入。上午10点，我们通知了斯塔佩尔所在的社会心理学系的成员。在校长讲话时，我注意到了人们的反应。我从未见过如此沉重的打击。当马格尼菲科斯校长宣布这一消息时，同事们一脸茫然，有些人惊慌失措，我看到其他人慢慢恢复过来并明显地开始思考这件事对社会心理学系和他们意味着什么。一小时后，我们通知了各系主任。同事们又一次投来迷惑不解的目光，有的陷入沉思，有的开始不安地走来走去、议论纷纷。我的对面坐着一位教授，他的眼睛越睁越大，下巴越垂越低，直到生理极限。他没有注意到自己的失态。每个人都被要求对这个消息保密，直到我们通知整个学校为止，午饭刚过，我们就在阶梯教室做出了通知。大厅里挤满了人，显然大家都预感到将有大事发生。在马格尼菲科斯校长讲话期间，我看到有人在发短信。会后，同事们围着我们问了很多问题。我记得我们传达的基本信息是，斯塔佩尔不会再回来了，一个委员会将立即对涉嫌欺诈的事件展开调查，并弄清共同作者和其他可能的角色。我们强调，除了斯塔佩尔之外，没有任何人有任何嫌疑，但调查是必要的，这样才能查明欺诈行为，确定哪些出版物是欺诈性的，还共同作者一个清白，否则他们的声誉可能会在以后的职业生涯中一直受到玷污。

我们离开阶梯教室后，蒂尔堡大学在其网站上发布了一份新闻稿。媒体不到一个小时就做出了反应。我们从互联网上看到的第一条消息是"大学将造假教授扫地出门"[1]。我们不禁认为这是个好消息。与此同时，我试着打电话给阿姆斯特丹大学和格罗宁根大学的相关学院的院长们，他们和我们一样深受其害，但可能还没有得到消息，他们需要了解即将发生在他们身上的最新情况。因为我还不知道阿姆斯特丹大学的院长是谁，所以我打电话给心理学系的研究主任，我认识他，因为他协调了全国八个心理学研究项目的评估，我代表我们学院参与了这些项目，我向他解释了情况。我没能联系上格罗宁根大学的院长，于是决定尽快再打一次电话。

下午5点，我们来到了蒂尔堡大学一栋大楼的新闻发布室，在这里，马格尼菲科斯校长将回答一家国家广播电台记者的现场直播提问。随后很快接受了其他全国性报纸的采访，与此同时，当地电视台和全国8点新闻的摄制组也进入大楼，同时对我们进行采访。任何担心8点新闻是否还能吸引观众的人都可以放心了。当天傍晚当我坐火车回家时，我收到了几封来自其他大学的同事发来的祝我好运的电子邮件，我的大女儿也给我打来电话，问我为什么上电视。晚上 10 点回家后，我拿起电话打给格罗宁根大学的院长，我认识他，因为他和我一样是统计学家，我开始向他通报最新情况。那时我才明白 6 天的领先时间意味着什么，并听到他问了马格尼菲科斯校长告诉我这件事时我曾问过的所有问题。午夜时分，我躺在了床上，第二天早上醒来时我都不记得自己是什么时候睡着的。

更广阔的视角：制度缺陷和统计的使用

在《背叛真理的人们：科学殿堂中的弄虚作假》（*Betrayers of the Truth: Fraud and Deceit in the Halls of Science*）一书中，威廉·布罗德（William Broad）和尼古拉斯·韦德（Nicholas Wade）将科学描绘成一项致力于发现真理的事业，但其回报体系却导致许多从业者为了名利或仅仅是为了谋生而走捷径，有时甚至不惜进行数据造假。作者解释说，科学的竞争性将成就评价导向了计算发表期刊论文的数量（无论其内容或相关性如何），而不是工作的质量及其对解决实际问题的贡献。这种解释令人信服。随着研究人员数量的不断增加，没有人有时间去跟踪文献，因为太多的论文（其中很多都不合格）发表在越来越多的学术期刊上，每个人都忙于发表自己的作品。布罗德和韦德所传达的信息是如此令人信服和应时，如果我不知道他们的书是在 1982 年出版的，我可能会以为它是昨天出版的（我是在2022年读的！）。在这本书和有关这一主题的其他书籍以及众多文章中，引起我注意的是，他们坚信不端行为的根源在于个人在进行研究和发表成果时，其行为受到各种制度性缺陷的驱使。虽然我承认这一观点，但并不完全赞同。我的立场是，不仅是制度方面的外部原因在驱动研究人员的行为，还有其他问题可能导致发表论文的质量下降，而这些问题很少得到应有的重视。本书填补了这一空白。

尽管布罗德和韦德以及许多其他作者并不认为每个研究人员都会受到外部压力而不得不以某种方式行事，但他们将科学事业描述为一个有缺陷的制度牢笼，很难从中逃脱。这些缺陷源于科学对真理的崇高追求与追逐个人荣誉和争夺稀缺资源的日常实践之间的冲突。他们对诱使研究人员从事不端行为的奖励机制进行了详尽的论述和说明，这些机制往往使研究人员在没有充分认识到自己所做的事情的情况下就被引诱从事不端行为，例如：为了获得终身职位、继续资助自己的实验室、雇佣更多人员、赢得更多利益、获得同行赞赏和获奖以及接触更多有趣的人物、事件和更多资源，他们竞相发表尽可能多的论文。他们还提到研究团体中的等级制度，这种制度很容易把功劳归于团体的领导者，而牺牲了从事工作和取得发现的年轻研究人员的利益。他们甚至质疑教科书中一再提出的科学事业的理想化目标，并用与这些理想大相径庭的不规范实际研究实践取而代之，而这些实践却成为不完美研究的灯塔。这种不匹配会让人对不完美的数据和令人失望的统计结果加以修饰，以符合不可能达到的完美规则。令人惊讶的是，出错的地方往往没有被拦截和纠正，而其严重性被负责人低估、忽视或否认。

在过去的几年里，人们越来越意识到研究中存在欺诈行为，及其被称为"有问题的研究行为"的不太明显但危害更大的"近亲"，这促进了一个完整的研究领域的发展，几乎完全强调了制度缺陷对研究人员的恶劣影响。我非常赞同对造成学术不端的制度性原因的批判性论述，以及减轻或消除这些原因的必要性，但作为一名统计学家，我忽略了造成学术不端的另一个原因，尤其是在无意中造成学术不端的情况，那就是研究人员缺乏对统计学的掌握。在我 40 年的应用统计学家生涯中，研究人员对统计学的严重误解和误用一直让我感到担忧，这些年来我几乎没有看到任何进步。但你能指望什么呢？一个人可以是出色的医学或健康研究人员、心理学家、生物学家或生物化学家，但这并不意味着他也是出色的统计学家。很多研究人员最多在本科阶段上过几门统计学入门课程，在硕士或研究生阶段可能再多上一门统计学课程，个别人后来还上过一门或几门难度较大的学科速成课程，如结构方程建模或多层次分析，而且大多数人都能运行统计软件，但这是否意味着他们能够成为统计学家？我不这么认为！就像我不是一个能干的医生、健康科学家、心理学家、生物学家或生物化学家一样，他们也不是能干的统计学家——当然，也有例外——但一种奇怪的期望普遍存在，那就是他们可以设计研究、抽样数据并分析抽样数据，就好像他们是真正的专家一样。这种期望是如此普遍，以至于把它作为一个问题提出来都会冒着被忽视的风险。

然而，许多统计学家认为，研究人员对统计学掌握得不好，是涉及数据收集和数据分析的研究中的一个大问题，甚至是最大的问题。他们并不是指故意欺诈，而是指没有掌握自己的部分工作，即理解和正确应用统计。我想，这种掌握不好的情况对研究人员来说确实是一种痛苦。这就是很多资深研究人员习惯于把数据统计分析工作交给博士生甚至硕士生的原因，并不是说这些年轻同事的统计能力更强，而是这样一来，这项工作就不在资深研究人员自己的案头了。如果统计学只是简单的算术，这不会给学者们带来问题，但统计学远不止于此，而且难度很大，其偶然机制（chance mechanisms）和结果往往与直觉背道而驰。我认为，掌握统计学不仅需要沉浸在严格的统计学培训课程中，还需要获得长期的经验，以防止不断被统计分析产生的反直觉结果所欺骗。关于研究中可能出现的问题的文献主要集中在不端行为的制度性原因上，但在本书中，我认为研究人员对统计学掌握不佳或许是对研究结果有效性的更大威胁。我的这一立场并不是要伤害那些精通统计的研究人员，也不是要伤害那些诚实承认自己不可能样样精通而需要向统计人员求助的研究人员。不过，本书的目的是要引起讨论，让人们认识到不得不做自己没有认真接受过训练、缺乏足够经验的事情的难度。我所讨论的学术不端的另外一个原因，也许是受尽可能多地发表论文这一要求的刺激，许多研究人员对自己的数据守口如瓶，使得其他人无法检查他们的工作，也无法在必要时纠正他们的工作，布罗德和韦德也讨论了这种情况。因此，在最后一章，即第7章中，我将讨论开放数据政策并让统计学家参与研究项目。

本书侧重于定量研究，即基于定量数据样本的研究，因为这是我作为应用统计学家的专长，而且大多数研究都是定量研究。我并不是说基于定性数据（如案例研究、访谈、档案和尚未数量化的文件）的研究就不会存在欺诈和有问题的研究行为，它可能存在，而且我在第3章中简要说明了这方面的例子。在第5章中，我认同其他作者的观点，认为使用定性数据的研究也应该像基于定量数据的研究一样进行预注册，但这只是以数值数据统计分析为重点的一般性讨论的一个侧面。其他作者可能会借此机会分析使用定性数据进行研究的特殊性，此类研究中存在的欺诈威胁以及如何尽可能防止不端行为。

我讨论了很多数据分析是如何误导你的例子。与使用真实数据的常见做法相反，我使用的是用计算机生成的人工数据。这种选择可能会让你大吃一惊，但我使用人工数据是有充分理由的。关键在于，真实数据是演示如何使用统计模型（例如线性回归模型）的绝佳工具，而讲解这方面内容的教科书也大量使用了真实数据示例。然而，真实数据并不适合用来展示样本数据的统计分析如何将你引入歧途。原因在于，真实数据无法让你评估样本偏离其抽样总体的程度，也无法评估根据数据估计的模型是否代表了该总体的真实模型。不知道真实的总体分布和真实的模型意味着你没有黄金标准。你必须意识到，如果你知道总体和模型，你就不需要做研究了！因此，当我告诉你，基于一个真实的数据集，0.51的样本相关性看起来非常有趣，但反映的却是总体中的零相关性时，你根本无法检查这是否正确，而我也没有办法。但当我简单地定义：（1）总体为多元正态分布；（2）线性回归模型为真实模型；（3）使用计算机从总体中抽取与模型一致的数据样本；（4）再根据数据确定回归模型时，情况就不同了。现在你知道样本与总体的偏差只是巧合，我们是否可以通过比较样本结果和黄金标准来讨论随机性对结果的影响。我将尽可能地保持简单，希望大家能明白一个信息——被数据和统计误导是非常容易的。在第6章中，我将运用心理学的原理来解释这一信息。

在撰写本书的过程中，除了依靠我作为应用统计学家的经验和对相关文献的一些了解之外，还得益于我作为一所高校的院长的经验，因为我的一位同事在被发现是数据造假者之前一直备受尊敬，但他的身份被揭穿后，学校深受其害。我将在第3章讨论此类案件对学术环境的影响，并在第3章和第4章重点讨论不同类型的数据造假所涉及的方法和统计问题。在此之前，我将在第2章中讨论一些概念，有助于更好地理解第3章、第4章和后面章节，并通过几个基于人工数据的例子来说明基于样本的统计结果可能带来的误导。熟悉数据分析概念和数据分析带来的误导的

第 1 章 为什么选择本书?

读者可以选择跳过第 2 章,但我建议在继续阅读之前也先阅读这一章。后面几章中的统计分析和统计原理解释有时会被移到附录中,但我相信有心的读者已经做好了准备,在必要时,他们可以通过自己的努力来理解复杂的统计推理。接下来 6 章的内容摘要如下。

第 2 章讨论了本书的重点,即缺乏经验或错误地使用统计是造成有问题的研究行为的重要原因。第 3 章是对斯塔佩尔学术造假案的跟进,讨论此案如何提高了研究人员对有问题的研究行为的防范意识和意愿。在第 4 章中,我以简单的方式讨论了篡改和伪造数据的问题,说明了这些数据即使看起来可信,但其中包含的特征有助于揭露它们。第 5 章讨论了确证性研究优于探索性研究的问题,但我们注意到大多数研究都是探索性的,在某些条件下它们在科研中发挥着宝贵的作用。在第 6 章中,我认为大多数有问题的研究行为之所以发生,是因为许多使用统计学的研究人员低估了统计学的难度,并被统计学的反直觉结果所误导。简而言之,他们缺乏经验,无法很好地从事统计的分析工作。第 7 章讨论了减少有问题的研究行为发生的几项措施。

我希望广大读者,包括学生、研究人员、统计学家和感兴趣的非专业人士,都能从本书中学到知识,或利用本书参与进一步的讨论。第 2 章、第 4 章、第 6 章和第 7 章的技术附录讨论了背景知识,以便更好地理解正文的某些方面,以及支持人工数据模拟的材料。添加附录是为了方便读者,但对于那些已经精通基本统计理论和应用的读者来说，可以跳过这些附录。每章结尾都有三条启示，旨在总结关键信息并引发讨论。

注　释

1 https://www.geenstijl.nl/2692841/tilburg_university_gooit_hoaxp/

第 2 章

欺诈和
有问题的研究行为

欺诈和失误是威胁科学成果公信力的两种不良行为。欺诈指的是谨慎而理性的决策，旨在欺骗同事和科学报告的读者。失误是指行为受误解或错误信息模式的引导，虽无意误导但却导致了有缺陷的研究结果。因此，主要区别在于一个人的意图是蓄意的还是非蓄意的。用通俗易懂的语言来说，我们在这里讨论的是欺骗和笨拙的区别，后者用更温和的措辞来说，是无意犯错但行为结果不佳的情况，这种情况往往并非出于恶意，甚至是出于善意却产生了不良后果。我们应该谴责骗子，帮助不幸的研究人员。这就是本书所秉持的态度。

欺诈一词的含义不会引起太多争论，但失误可能需要一些解释。我选择了使用"**失误**"一词，可避免在使用"无知""无能""笨拙"或"马虎"等词语时，研究人员感到被贬低或被轻视。所谓失误，是指一种奇怪或特殊的习惯[1]，一种不当的行为或倾向[2]，简言之，是指在某一方面不正确并多次重复的行为。

失误的关键在于习惯或倾向,因此它是一个结构性问题。我将失误与意外区分开来,意外是指没有预料和计划的事件或情况,既不是故意的,也不是必然会发生的[3],完全是偶然发生的。[4]因此,意外是偶然出现的问题。当科学研究中出现意外并被认识到时,人们应予以纠正,但一般来说,意外对研究成果有效性的影响要比失误小得多。在本书中,我将重点讨论失误问题。

与欺诈相比,失误才是我在这里关注的重点,也是研究和研究成果报告中产生错误的重要因素,原因有二:其一,尽管欺诈会严重损害科学的公信力,但欺诈者往往是单独行动,不会影响整个研究领域,而失误往往以不正确的研究习惯的形式在研究群体中广泛存在,可能慢慢破坏这个研究领域。其二,就像所有为了利益而故意做违法之事的人一样,只要有机会且被抓住的风险不大,欺诈者无论如何都会这样做,并暗中将同事引入歧途,而没有不良意图的研究人员在犯错时原则上是可以得到提供方法论和统计学专业知识的同事的帮助的。

方法和统计失误

欺诈:捏造、篡改和剽窃

科学领域中的欺诈指的是故意提交一个从未得到过的理想结果的不端行为,因为自己的数据并不支持这一结果。例如,编造数据——捏造——以获得计划中的理想结果；改变数据——篡改——以获得更好的结果。篡改还包括更改表格中的数字和图表中的曲线，以及大脑扫描、X光片和照片中的特定细节，以显示原始资料中不存在的结果。最极端的情况是，一个人编造了整个研究，发表了一篇关于从未发生过的研究项目的文章（例如，Stapel & Lindenberg，2011；已撤回），并提出了一个研究发现，作者期望借此给自己带来名声和资源或至少在同事和资助机构那里获得良好声誉。欺诈还包括在不标明出处的情况下发表从其他作者处抄袭的文章和结果，即所谓的剽窃。剽窃是一种知识盗窃行为，但往往涉及有效的文本或研究成果，从这个意义上说，剽窃不会对科学知识体系造成损害。然而，剽窃行为破坏了人们对学术团体和科学本身的信任。

我假定研究人员意识到自己存在捏造、篡改或剽窃行为。研究人员在考虑如何适应研究社区（Johnson & Ecklund，2016）时可能会采取的伦理取向承认了不端行为的可能性。结果主义伦理取向基于某些行为的预期实际后果，这些后果可能会也可能不会阻止研究人员从事不端行为等活动；但责任主义伦理取向则建立在自主道德推理的基础上，遵循研究人员认为符合普遍利益的某些原则。在商业研究方面，芬克、加特纳、哈姆斯和哈塔克（Fink, Gartner, Harms and Hatak，2023）发现，与义务论导向的研究人员相比，结果论导向的研究人员在资源竞争越激烈的情况下，越容易出现不端行为。美德伦理取向采用实践智慧，在多种选择中寻找正确的中间道路，避免极端行为。我猜测，如今的美德取向在涉及不符合书中规定的研究行为时，可能不会得到太多认同，尽管这种行为不像彻头彻尾的欺诈行为那么严重，但德弗里斯、安德森和马丁森（De Vries, Anderson, and Martinson, 2006）提供了研究人员努力应对研究过失这一灰色地带的有趣情况。伦理取向这一话题可能会对研究人员的动机提供更多的启示，但我不打算讨论这个问题，而是将重点放在动机及其显露的问题上。

在现实生活中，人们无法直接了解他人的动机，因此，委员会在调查涉嫌欺诈的案件时，必须排除合理怀疑，证明存在欺诈嫌疑。在没有收集真实受访者数据的情况下编造部分或整个数据集，或编造一篇关于从未进行过的研究的文章，其欺诈动机是显而易见的。要排除合理怀疑，证明图表中不包含实验条件属于欺诈则更为困难。研究人员可能会声称，一个不正确的测量程序污染了被删除条件下的测量结果，认为剩余结果仍然值得发表，但却忘记在脚注中解释为何省略了受影响的的条件。虽然这种遗漏是不可取的，但根据现有证据，诚信委员会在调查后可能会得出结论：这是**意外**。但是，如果委员会发现研究人员的多篇文章中存在某种遗漏模式，有时对研究人员有利，有时对研究人员不利，那么委员会可能会得出这样的结论：这些情况的重复发生更有可能属于失误。当这种模式总是有利于被认为可取但却得不到数据支持的结果时，就会被判定为**欺诈**，但仍有可能出现其他指向失误的解释。更复杂的情况是，研究人员习惯于遵循有缺陷的程序（如 p 值操纵；如 Wicherts、Veldkamp、Augusteijn、Bakker、Van Aert et al., 2016），使用过时且有偏差的统计程序（如对于缺失数据的处理；见 Van Ginkel、Sijtsma、Van der Ark & Vermunt, 2010），或让缺乏经验的研究助理通过删除异常数据（如超出范围的分数、缺失数据、极端值）来准备数据。只有在某些极端情况下，欺诈才容易判定，但在其他情况下，则比较困难或不可能判定，从而陷入是非难辨的灰色地带（Johnson & Ecklund, 2016）。

揭露欺诈行为并将其公之于众就像一把熊熊燃烧的烈火，会给科学的公信力和声誉带来巨大损失，甚至会给发生欺诈行为的机构带来巨大损失。鉴于科学所秉持的追求真理的宗旨，必须打击和禁止学术造假行为，一旦发生欺诈行为，就应将其公之于众，进行深入调查并予以纠正。纠正可能包括从学术期刊撤稿，同时向读者发出警告，说明期刊已撤稿及其原因。在文献中（例如：Steneck, 2006），我所提到的各种欺诈行为都被称为"捏造、篡改和剽窃"（Fabrication, Falsifcation, and Plagiarism，FFP）。与之相对的是符合规范的"负责任的研究行为"（Responsible Conduct of Research，RCR）。在这两个对立面之间是一片广阔的灰色地带，现实世界的研究在这里发生，并存在各种不足之处，如意外和失误。失误的常见名称是"有问题的研究行为"（questionable research practices，QRP）。图 2.1 显示了从 RCR 到

QRP 再到 FFP 的连续谱。

RCR ——————— 意外、失误（QRPs）——————— FFP

图 2.1 研究的连续谱：从负责任的研究行为（RCR）、意外错误和失误（有问题的研究行为；QRPs）到捏造、篡改和剽窃（FFP）

意 外

意外经常发生，是人类本性的一部分。打个比方，我们的大脑就是一台电脑，但这台电脑的运算速度极慢，对枯燥重复的工作有抵触情绪，而且容易出错——而这些恰恰是计算机执行算法时不会出现的问题。我们的大脑之所以与众不同，其最大的特点就是从经验中学习的能力，因而具有极高的灵活性。这正是人工智能试图复制的。这其中，犯错很重要。具体而言，我所关注的是那些随时都可能发生而且无法避免的错误，因为研究是复杂的，而我们的大脑容易出错，因此我们是容易犯错的生物。例如，在软件程序中输入了错误的参数，但没有被注意到，也没有妨碍软件产生看起来可信的输出结果，因此研究人员可能会相信它，而不会产生怀疑。又如，不小心将正确的输出结果错误地复制到表格中，而这个表格看起来是合理的，以至于审稿人和读者都不会注意到任何异常。这种错误可能造成严重后果，但似乎无法避免。梅伦伯格（Mellenbergh，2019）概述了一些常见且长期存在的错误,并讨论了预防或纠正错误的方法。

这些例子还表明,研究人员怎样谨慎都不为过,永远都不应该停止检查自己的工作是否有误,但谨慎是有实际限度的。如果不是单独工作,而是在团队中工作,那么团队成员就是共同作者,要对他们以自己的名义发表的文章负责,这样就多了几双审视的眼睛,有助于产出尽可能无懈可击的成果。然而,意外在所难免。如果发现错误且严重影响了研究成果,作者应发表更正声明。如果研究人员只是因为生性马虎,对自己所做的事情不够重视,那么他们的研究事业就很难取得成功,很可能在一段时间后就会离开研究岗位。由于意外的偶然性,我在本书的其余章节中将不再深入讨论。

失误:有问题的研究行为

我尤其感兴趣的是源于习惯的错误,这些错误往往会在同一研究人员的不同研究中重复出现,甚至被更多的研究人员效仿,而他们自认为正在做正确的事。由于源于习惯的错误是结构性的、重复性的,因此它们会影响研究成果,在最坏的情况下,会使整个研究领域朝着错误的方向发展。这可能导致在很长一段时间内,某一特定结果被认为是一个研究领域的标杆,直到有人发现它是错误推理、方法缺陷或错误统计分析的产物。未被发现的结构性错误会引发其他人的后续研究,他们会认真对待有缺陷的结果，并将其作为自己研究的起点。由于错误的结果可能需要一段时间才能显现出来，因此浪费了许多研究人员的大量时间和资源（Ioannidis, 2005; Steneck, 2006; 也可参见 Ulrich & Miller, 2020）。显然，我们必须尽可能避免结构性错误。

在诸多有问题的研究行为类别中收集到的结构性错误的根源有很多。这些原因通常（但不完全）与诱使研究人员做出不良行为的外部环境有关。例如，大学对研究人员施加压力，要求他们尽可能多地发表论文，从而导致他们操之过急，做出不严谨的研究；期刊的政策是只发表有意义的结果，而忽视那些没有此类发现的研究，从而出现信息偏差；以及获得研究资源、名誉和地位的诱惑，导致研究人员走捷径，从而得出不准确的结果。不同的外部原因对有问题的研究行为的影响是多种多样的。一个急于求成的研究人员可能总是使用过小的样本，以至于无法得出可靠的结果，但是会将偶然出现的"成果"挑选出来发表。另一位研究人员可能决定不把一篇概念性文章投给期刊，因为文章中包含的结果虽然正确，但作者认为期刊不会发表这样平淡的结果，这也被称为"文件抽屉问题"（file drawer problem, Rosenthal, 1979）。最后，一个成功的研究人员如果变得鲁莽，对同事的批评意见置若罔闻，则可能会过于相信自己对研究成果的预期，低估数据分析的复杂性，从而发表错误的结果。更多讨论，请参阅 Anderson, Ronning, De Vries, and Martinson（2007）, Fanelli（2009）, Haven, Bouter, Smulders, and Tijdink（2019）, Van de

Schoot、Winter、Griffioen、Grimmelikhuijsen、Arts et al.（2021）、Gopalakrishna、ter Riet、Vink、Stoop、Wicherts et al.（2022）和 Miedema（2022）。

  文献中很少讨论的一个有趣问题是，为什么研究中的某些外部因素或情境因素会导致有问题的研究行为？为什么一个在没有外部影响的情况下能很好运用统计的研究人员，会在遇到这些影响时产生有问题的研究行为？绩效压力、文件抽屉问题、低估复杂性等情境因素，是否会对熟练掌握统计学的研究人员与非统计学专家的同事产生同样的不良影响？研究人员掌握统计思维的程度是不是有问题的研究行为出现的一个因素？多位学者（如Campbell，1974，2002；Gardenier & Resnik，2002；Hand，2014；Kahneman，2011；Salsburg，2017）指出，研究人员，甚至是训练有素的统计学家，都难以理解概率和统计产生的反直觉结果。他们解释说，这很容易导致使用统计方法和程序进行数据分析时出现错误。我在本书中提出的观点是，统计使用不熟练是导致有问题的研究行为的一个重要原因，但却常常被忽视，而绩效压力、发表偏倚、低估复杂性等情境因素的影响可能会进一步助长有问题的研究行为的发生。我不会说不熟练地使用统计是导致有问题的研究行为的唯一原因，但我认为，如果研究人员熟练掌握统计，绩效压力等外部因素未必会导致有问题的研究行为。如果外部因素能迫使精通统计的研究人员在应用统计时犯下本可以避免的错误，我反而会怀疑他故意欺诈，因为他知道自己在做什么。

第 2 章 欺诈和有问题的研究行为

我将重点放在不专业的统计使用上,并讨论了三个统计分析实例,每个实例都产生了无效的结果。其中一个例子涉及一种典型的有问题的研究行为,另外两个例子则表明,使用形式上正确或广为接受的统计程序,可能仍需要深厚的统计专业知识才能正确应用。第一个例子涉及删除数据以产生显著结果,这是一个 P 值操纵(p-hacking)的例子。第二个例子涉及多元回归优化程序,这需要经验才能产生有意义的结果。第三个例子涉及使用过时和低劣的方法处理缺失数据,从而产生有偏差的结果。这些例子共同表明,使用统计学方法是多么容易得出不正确或至少是有问题的结果。对于统计学家来说,这些例子所反映的都是众所周知的缺陷,相关文献可以提供诸多参考。附录 2.1 讨论了基本的方法概念。

例 1:极端值

这个例子说明,在既没有科学理论(这里是不适用),也没有客户(这里是假想的市议会)的外部支持下使用统计,很容易失控。我从这个例子开始,首先试图论证即使是简单的数据统计分析也存在困难,而且很容易出错。然后,我将讨论一个虚构的场景:研究人员错误地认为删除某些观察值是合理的,有助于放大两组之间的差异,而他认为这种差异是真实的,必须揭示出来。这个例子说明了一种有问题的研究行为。

假设市议会想知道本市各社区的平均家庭收入,以确定哪些社区最需要社会和财政支持。你所在的社区,我称之为 B 区,面积不大,居住着许多受过良好教育的典型中产阶级家庭,他们大多三四十岁,有的年纪更大一些。其中一些人独居,但很多都是有孩子住在家里的家庭。表 2.1 显示了你所在社区随机抽样的 25 个家庭的年收入情况(B,右侧)。目测收入从 23,180 美元(第 38 号)到 66,020 美元(第 50 号),平均收入为 47,002 美元。

表 2.1　A 社区和 B 社区的家庭年收入(单位:美元)

	A 社区					B 社区				
1	34.65	11	43.98	21	70.97	26	36.03	36	57.20	46	47.38
2	51.03	12	54.20	22	41.95	27	46.43	37	34.91	47	54.59
3	47.81	13	51.57	23	47.57	28	44.59	38	23.18	48	56.66
4	45.17	14	50.08	24	56.32	29	43.97	39	29.68	49	60.02
5	47.23	15	51.44	25	57.18	30	48.22	40	37.86	50	66.02
6	39.07	16	43.17			31	30.70	41	43.18		
7	63.16	17	51.12			32	53.60	42	64.77		
8	49.11	18	55.09			33	41.19	43	41.27		
9	51.42	19	70.79			34	48.85	44	48.71		
10	46.57	20	69.18			35	47.56	45	60.11		

注:输入项乘以 1,000。

第 2 章 欺诈和有问题的研究行为

我假设你所在的社区有一户家庭未被纳入样本，因为家族企业成功而收入特别高。假设他们的收入是样本中最高收入（66,020 美元，第 50 号）的 10 倍，即收入为 660,200 美元。如果抽取的是 660,200 美元而不是 66,020 美元（第 50 号），那么样本平均值为 89,787 美元，几乎是原来平均值 47,002 美元的两倍。这个夸大的样本平均数比其他 24 户的收入都要大得多，显然，将 660,200 美元收入纳入样本得出的平均值不能代表其他收入，而且可能不利于针对该社区的市政政策。

研究人员是否应该将收入最高的一户排除在调查之外？这个例子非常极端，答案也显而易见，但在收集数据之前，如果市议会明确定义了他们认为适于作出政策决定的有效社区家庭平均收入，这对研究人员会有很大帮助。假设市议会得出不能让一个或少数几个收入极高的家庭来决定大多数家庭收入情况的结论，但他们没有明确说明极高收入的标准。那么，研究人员可以决定将前 x% 的最高收入排除在符合抽样条件的子集之外。这个子集被称为抽样框。问题在于 x 的选择具有主观性，研究人员可能会报告不同 X 值下的结果，这样选择的随意性就变得很明显了。另一种方法是不排除任何收入，而是采用统计方法，如报告样本收入的中位数。要获得中位数，可将抽样收入从低到高排序，取中间的中位数作为典型的社区收入。在本例中，有最高收入和没有最高收入的中位数均为 47,560 美元（第 35 号）。无论采用哪种方法，研究人员都必须报告其考虑的各种情况下取得的结果。对计划的研究进行预注册是另一种解决方案，参见第 5 章。

与收入的例子相比，极端值往往更难识别，也更容易被歪曲，对此我将在第 5 章的实验中加以说明。到目前为止，我还没有定义极端值，但你会对极端值有一些直觉性的认识。根据有关极端值的标准著作（Barnett & Lewis，1994，第 7 页），极端值是"一个观测值（或观测值的子集），与该数据集的其余部分不一致"。抛开定义的表面直观性和极端值分析所涉及的复杂性，我得出的结论是，要评估一个观测值是不是极端值，需要结合其他数据综合分析。问题在于某个观测值是否属于观测值总体，而不是它是否增加或减少了两组均值之间的差异，或者说不是它对研究人员感兴趣的其他结果有何影响。因此，在进行旨在回答研究问题的数据分析之前识别极端值，并根据已知的极端值的来源，决定如何在数据分析中处理这些极端值。决不能首先查看统计分析的结果，如果不满意，再去识别那些从分析中拿掉可能会美化结果的观测值。

为了说明基于统计分析结果临时剔除观察值的问题，我用人工数据（表 2.1）举了一个例子，这个例子是我根据假设的统计模型模拟出来的。使用模拟数据是为了完全控制变量，清晰说明我的观点。这些模拟数据与真实数据没有任何相似之处，除非是巧合，而且仅用于教育目的。我只想说明，如果从**数据集中删除数据**，会对感兴趣的结果产生什么影响。想知道如何正确分析数据和识别潜在极端值的读者，可以查阅有关方法论和统计学的文献。问题并不在于缺乏此类信息——这样的信息大量存在，而研究人员往往意识不到、忽视这些信息，或者曾经知道但部分忘记了，或者只是误解并错误地应用了这些信息。

假设根据社区特征，你预计社区 A 的平均年收入高于社区 B 的平均年收入，并且想弄清楚这是否属实。表 2.1 显示了从两个社区分别随机抽取的 25 个样本的收入情况。事实上，平均收入差异与预期方向一致（表 2.2，第一行）。由于两个样本不能确证是否存在预期方向上的实际收入差异，因此需要进行单侧独立样本 t 检验（采用韦尔奇校正[5]）。研究人员认为，在两个社区具有相同平均收入的**零假设**成立的情况下，如果样本差异 D 大于等于观测值的概率 p 小于 0.05，就可以成为存在实际收入差异的证据。你可能会注意到，样本研究不能证明假设，只能说支持假设（Abelson，1995）。在第 4 章中，我将更详细地讨论零假设检验的逻辑。在此，我将采用研究中常见的简化方法。

表 2.2（第一行）显示了样本差异，$p=0.0579$。根据统计检验的逻辑，你不能得出社区 A 居民收入更高的结论。由于 p 值非常接近 0.05，你可能会想，从收入高的样本中剔除收入最低的样本，或从收入低的样本中剔除收入最高的样本（或两者都剔除），是否会使 p 值低于 0.05 这一符合你预期的理想结果（见 Head, Holman, Lanfear, Kahn & Jennions, 2015; Masicampo & Lalande, 2012）。毕竟，难道一个观测数据就能决定是否能够得出结论吗？虽然这是一个合情合理的问题，也很容易理解你为什

么会问这个问题，但盲目地遵循这一路径已经构成了有问题的研究行为。关键是既然你已经看到了比较的结果，那么接下来通过删除观测值来改变数据的组成，就好比在赛马结束后下注赌马，是典型的犯规行为。为了便于论证，我假设假想的研究人员为了向他的雇主——市议会报告差异，剔除了 A 组（第二行）中收入最低的住户，得出 $p=0.0335$，这个数值小到足以拒绝平均收入相等的零假设。他报告了这一结果。如果剔除社区 B 的最高收入（第三行）或同时剔除两者（第四行），他也会发现类似的结果。但显然，他不应该把结果当作未经任何数据操纵而发现的结果来报告。

表 2.2 完整数据和删除观测数据的样本平均数、均值差和统计检验结果

数据	平均值 A	平均值 B	D	t	df	P
完整数据集	51.5932	47.0016	4.5916	1.6026	46.692	0.0579
不含 A 中的最低值	52.2992	47.0016	5.2976	1.8772	45.494	0.0335
不含 B 中的最高值	51.5932	46.2092	5.3840	1.9104	45.816	0.0312
不包括以上两个值	52.2992	46.2092	6.09	2.1949	44.623	0.0167

注：收入均值和差值均需乘以 1,000。

下面是我特意留到最后的一些模拟数据的背景信息。社区年收入具有完全相同的分布，即正态分布，均值等于 50,000 美元，标准差等于 10,000 美元。这意味着 95.45% 的收入介于 3 万至 7

万美元之间，而 99.7% 的收入在 2 万至 8 万美元之间。我从这一分布中抽取了两个样本，并将平均值最高的样本称为社区 A。研究人员删掉的两个"极端值"甚至不是真正的极端值，但我们应该牢记的是：一旦统计结果已知，删除数据是没有意义的。本书将反复强调的另一点是，研究人员在统计分析中犯错误是非常容易的，也是可以理解的。

例 2：多元回归

接下来，我将讨论流行的多元回归分析方法（Fox，1997；Pituch & Stevens，2016），以研究一组变量（称为预测变量或自变量）与一个变量（称为效标变量或因变量）之间的关系。然后，我将展示一种"机械执行"算法是如何利用原本正确的多元回归方法得出错误结果的。研究人员信任算法和软件是可以理解的，不能因为结果可能存在缺陷而受到指责，这是抽样误差容易误导研究人员的结果。多元回归模型的统计定义见附录 2.2。在本书的此处和其他章节，我尽量绕过统计符号，也不对方法和步骤进行解释，以保持简单。对统计背景感兴趣的读者可以查阅我提供的附录，其他人可以忽略附录继续阅读。

在我将要讨论的例子中，我假设有十个预测变量，用来获得对效标变量的最佳预测。一个预测变量与效标变量的相关性越高，而与其他九个预测变量的相关性越低，那么这个预测变量对效标变量的预测就越重要。根据这些相关性，每个预测变量都会得到一个根据样本数据估算出的系数。样本单位在预测变量上的得分乘以该系数。用文字表述（稍微简化），多元回归模型如下：

$$\text{系数}_1 \times \text{预测值}_1 + \text{系数}_2 \times \text{预测值}_2 + \cdots\cdots + \text{系数}_{10} \times \text{预测值}_{10} = \text{效标}$$

研究人员可能会研究学生能力和环境影响与大学成绩之间的关系。预测变量可以是高中成绩（预测变量$_1$）、SAT 分数（预测变量$_2$）、父母教育程度（预测变量$_3$）……兄弟姐妹数量（预测变量$_{10}$），效标变量可以是大学一年级结束时的考试成绩。系数是根据样本估算的，该样本提供了每个学生的每个预测变量和效标变量的得分。

重要的是要认识到对效标变量的预测从来不是完美的，这是人文科学的典型情况。[6] 预测的成功程度可以用样本中真实考试成绩与十个预测变量预测的考试成绩之间的相关性来表示。这就是多元相关系数，表示为 R。我们使用多元相关系数的平方 R^2，表示估计的多元回归模型对被抽样学生实际效标分数方差的解释比例。我们可以通过统计检验来确定样本系数是否能够提供相应的总体系数不为零的证据，这意味着它们对效标预测有统计显著的贡献。

确证性研究从有关现象的理论中推导出多元回归模型，然后收集数据来检验模型的可成立性。研究人员甚至可以对预测变量系数的相对重要性有先验假设，然后在数据中检验这些假设是否正确。例如，有十个大学成绩预测变量的模型可能代表一种理论，在这种理论中，这十个预测变量是根据几项初步研究确定下来的，而且该模型有望解释较高比例的大学成绩方差。在此，我将重点放在探索性研究上，探索性研究在许多研究领域都很普遍，它假设总体模型是未知的，需从现有的样本数据中估计出一个模型。在这种情况下，这十个预测因子只是现成可用的，而不是支持理论构建的艰苦的初步研究的结果，最终的首选模型可能只包含由统计标准确定的预测因子的一个子集。在许多研究中，主要是出于功效方面的考虑，只将数据（而非理论）表明对预测效标贡献最大的预测因子纳入模型。确证性研究和探索性研究是第 5 章的核心内容。

在我的例子中，有十个可用的预测变量。这并不是关于大学成绩的那个例子；十个预测变量的数量只是为了方便，也就是说数量足够多，可以表达我的观点。一种名为"向后逐步回归"的搜索程序从所有十个预测变量开始，对模型进行估计。如果存在更小的模型，该程序会从模型中剔除对预测效标贡献最小且不显著的预测变量。剔除后，R^2 不会显著下降，这意味着较小的九预测因子模型没有失去预测能力，并取代了十个预测因子的模型。然后，程序继续尝试较小的模型；否则，最终使用包含十个预测因子的模型。如果删掉一个预测因子，则对九个预测因子的模型进行估计，该程序会寻找贡献最小的预测因子，并检验其对预测效标的贡献是否显著。如果贡献不大，则将其从模型中删除，然后继续使用八预测模型；反之，则最终使用九预测模型。该过程一直持续到模型中没有对预测效标无贡献的预测因子为止。

在检验以数据为导向的向后逐步回归法得出的结果之前，有两点需要注意。首先，如果我简单地将所有可用的预测因子都纳入模型中，这将产生最大的 R^2，但这种方法忽略了功效方面的考虑，可能会纳入对解释效标没有显著贡献的预测因子。其次，由于人文科学往往缺乏完善的理论，数据分析经常是探索性的，这就增加了结果过于依赖抽样误差而无法复现的风险。我将用一个人为的例子来说明向后逐步回归法是如何工作的。

假设十个预测因子之间的相关系数为 0.1，并且与效标的正相关系数都为 0.25。这意味着每个预测因子对预测效标的独特贡献大小相同。因此，所有预测因子都同样重要，这种情况在实践中并不多见，但对我想表达的观点却很有帮助。预测因子用数字 1、2……10 表示。所有预测因子和效标 Y 的均值为 0，方差为 1。表 2.3 第一行显示的是标准化回归系数（意味着它们具有可比性），它们都是相等的。这就是总体模型。

表 2.3 完整模型的总体预测因子系数（第一行），不同样本量 N（空白：模型中未包含的预测因子）下使用向后逐步回归法所选模型的样本预测因子系数，多重相关性（R^2，R^2_{repl}）

N	1	2	3	4	5	6	7	8	9	10	R^2	R^2_{repl}
	0.13	0.13	0.13	0.13	0.13	0.13	0.13	0.13	0.13	0.13		
50	0.33		0.29		0.32						0.32	0.16
100	0.29			0.19		0.25		0.22	0.22		0.36	0.23
200	0.13	0.20	0.16			0.17		0.23	0.23	0.14	0.38	0.35
400			0.19	0.16	0.11	0.12	0.12	0.16	0.15	0.19	0.35	0.30
1000	0.13	0.14	0.19	0.09	0.11	0.13	0.15	0.10	0.13	0.11	0.30	0.30

对于每个假想的受访者，我从多元正态分布中抽取了有 11 个分数的数据行，并在样本量 N=50、100、200、400 和 1,000 的情况下重复这一过程。总体相关系数均为 0.1，表 2.4 显示了 N=50 时随机变化的样本相关结构，相关系数从 −0.22 到 0.40 不等（为便于识别，表中这两个值均以粗体印刷）。由于样本相关系数不同于产生样本的总体相关系数，探索性分析的出发点也不同于总体模型。因此，纯属偶然，我可能会发现一个与总体模型不同的模型。对于每个样本量，我都考虑了向后逐步回归所产生的最终模型。其估计的回归系数见表 2.3。对于 N=50，我们可以看到只有三个预测因子被选中，它们的回归系数是总体系数的数倍。随机抽样而非其他因素导致了这一高度偏离的结果，很难为总体模型的正确性提供证据。样本量越大，模型偏差越小，但只

有 N=1,000 才能得到与总体模型几乎一致的模型。也就是说,向后逐步回归选取了所有预测因子,但其系数仍存在差异。

表 2.4 上部三角形中的样本(N=50)相关性(下部三角形中的值相同,未显示;最小值和最大值用黑体印刷,以便于识别)

	1	2	3	4	5	6	7	8	9	10
Y	0.37	0.17	0.33	0.33	0.31	0.16	0.23	0.14	0.11	0.11
1		-0.17	0.15	0.19	-0.00	-0.02	-0.08	0.16	**-0.22**	-0.03
2			-0.01	0.02	0.17	-0.05	0.09	-0.21	0.04	-0.22
3				0.18	-0.05	0.12	0.11	0.13	0.26	0.14
4					0.23	-0.02	0.11	0.05	0.07	0.19
5						0.21	0.09	0.03	0.06	0.05
6							0.28	**0.40**	-0.10	0.10
7								0.00	0.13	-0.03
8									-0.01	-0.01
9										-0.01

我计算了从多元正态分布中抽样的效标分数,与利用逐步回归得出的最终模型预测的效标分数之间的多重相关系数。它们之间的差异很小。接下来,我又抽取了代表重复的新样本,对于每个样本量,我将第一轮所选模型的回归系数与第二轮抽样中相应的预测分数相乘,以估计第二轮抽样中的效标分数。表 2.3 显示了 R^2_{repl},是重复样本中估计效标分数与实际效标分数的多重相关

系数，随着样本量的增加，R^2_{repl}从更小到几乎等于R^2。

我们能从这个例子中学到什么呢？首先，我们可以说，尤其是在没有理论模型的情况下，选择最佳预测因子有助于尽可能准确地预测效标。然而，一个相反的观点是，除非样本很大（如N=1,000），否则探索性模型在新数据面前是站不住脚的，而重复数据也证明了这一点。对于较小的样本，数据无法提供有关总体模型的有效信息。其次，有人可能会说，所选模型至少能反映样本特征。没错，但这意味着放弃了将结果推广到更广范围的可能，而这种情况在现实中很少。我并不是说探索性分析是无用的，只是说它应该为旨在建立真实模型的更大的项目提供一个开端，但也仅仅是一个开端而已。

我预测，一些经验丰富的数据分析师会告诉你，我应该以不同的方式使用向后逐步回归法，使用该方法的另一种变体，或者使用完全不同的方法。不过，我还是要重申，多变量、中小样本量以及自动模型选择的组合很容易导致误判，尤其是在缺乏指导理论的情况下。

例3：缺失数据

我将讨论使用两种常用方法来处理缺失数据问题。当一些受访者未能回答较大数据集中的一个或多个问题时，就会出现这一问题。这两种方法是列表删除法和可用案例分析法，它们都非常简单，有时有效，但往往不是最佳方法（Schafer & Graham, 2002）。我将利用这两种常用方法讨论两个问题。首先，研究人员似乎没有意识到这些方法在统计学上不如其他可用方法。其次，如果研究人员使用了这些方法（或更好的替代方法），他们往往没有检查在数据中使用这些方法的条件。这种失误可能会导致有缺陷的结果（Van Ginkel et al., 2010）。

图 2.2 显示的是一份较长的问卷中的五个问题，该问卷通常用于人文科学领域，从在家通过电脑回答问题的受访者那里收集信息。这些问题针对的是消费者行为。研究人员利用这些回答来研究问题之间的关系，从而了解消费者的习惯。这就是调查研究；见第 5 章。在通常情况下，一些受访者会因为不同原因而没有回答某些问题。例如，有些受访者不理解某个问题（"去年你在消费品上的支出占收入的百分比是多少？"问题是没有很好地界定词语：百分比、收入、消费品）；理解问题但不知道答案（"你去年在食品上花了多少钱？"）；或认为问题无礼（"你是否曾在商店里不付钱就拿走东西？"），再或者，一些受访者可能一开始跳过了某个问题，打算稍后再回过头来回答，但后来又忘记了（"你的最高学历是什么？"）。

问题 1—去年你在消费品上的支出占收入的百分比是多少?	——%	不超过 15% ☐ 16—25% ☐ 26—35% ☐ 36—45% ☐ 超过 45% ☐
问题 2—你去年在食品上花了多少钱?	$——	少于 $2000 ☐ $2000—$3000 ☐ $3001—$4000 ☐ $4001—$5000 ☐ 超过 $5000 ☐
问题 3—你去年的总收入是多少?	$——	不到 $15,000 ☐ $15,000—$25,000 ☐ $25,001—$35,000 ☐ $35,001—$45,000 ☐ $45,001—$55,000 ☐ 超过 $55,000 ☐
问题 4—你是否曾在商店里不付钱就拿走东西?	——	☐ 是 ☐ 否
问题 5—你的最高学历是什么?	——	☐ 小学 ☐ 初中 ☐ 高中 ☐ 职业教育 ☐ 大学 ☐ 无

图 2.2 调查问题（Q1= 问题 1，等）、开放式回答和封闭式回答

受访者需要填写（图2.2，第二列）百分比、金额、收入、是/否或可能、忘记、不知道等信息以及教育类型。当被调查者不确定而猜测时，这种开放式回答模式可能会导致误差，或者出现无意义的答案，例如在被问及年龄时回答"129岁"。第三列显示的是封闭式回答模式，答题者通过点击方框，从给定的几个答案中选择最适合自己的一个。封闭式回答问题可以避免奇怪答案，还可以轻松转换为统计分析所需的分数。

图2.3显示了一个虚构的数值数据集（暂时忽略列间的粗体数字），其中的分数来自封闭式回答模式（分数范围见图题中说明）。空白代表缺失值。不完整的数据集是有问题的。我考虑将前6行数据和Q1—Q5作为示范性分析的数据，同时承认样本太小无法用于实际研究，实际研究的样本要大得多。我考虑的问题是，偶尔入店行窃（Q4）是否与收入有关（Q3）。只有受访者R1和R5在Q3和Q4上都有得分（粗体字），因此只有他们的数据可用。R5的收入较低且承认行窃，而R1收入较高且未行窃，这表明收入越低，入店行窃越多。依靠总共6个案例中的2个完整案例是危险的。让我们假设另外4位受访者都作了回答，而且我通过某种神奇的方法知道了他们的得分（如图2.3中各列之间粗体部分，用下划线标出）。R2得分（3，$\underline{0}$），R3得分（3，$\underline{1}$），R4得分（$\underline{4}$，0），R6得分（5，$\underline{0}$）。那么，收入最低的3人（均为3分）会有2人偷窃，而收入最高的3人（4分、5分）则没有人偷窃。这表明收入与入店行窃之间存在负相关关系。如果R3

的得分是（3，0），而 R6 的得分是（5，1），那么收入和入店行窃就没有关系了。当然，我根本无法知道缺失的分数会是多少，这说明不完整的数据是有问题的。

	Q1	Q2	Q3	Q4	Q5	——	QJ
R1		4	5	0	4		38
R2	1	2	3	0	3		56
R3	4	2	3	1	4		47
R4	3		4	0	3		39
R5	4	4	3	1	4		41
R6	2	4	5	0	5		34
——							
——							
RN	3	4	4	0	4		44

图 2.3 虚拟调查数据，包含 J 个问题（前 5 个问题对应图 2.2 中的 Q1—Q5）、N 名受访者没有完整回答。图中仅显示了前 5 个问题和前 6 位受访者的数据。分数范围（封闭的答案）：Q1: 1—5，Q2: 1—5，Q3: 1—6，Q4: 0—1，Q5: 1—6

处理缺失数据有很好的解决方案，但研究人员经常使用流行且易于使用的次优方法（Van Ginkel et al.，2010）。例如，先删除不完整的数据行，然后分析剩余的完整数据集并公布结果，无论是否报告是如何处理缺失数据的。两种常用的方法是列表式删除法——在所有统计分析中剔除所有至少包含一个缺失值的受访者数据，以及可用案例分析法——仅在局部计算需要时才剔除受访者数据，如我在图 2.3 中的简易示例中所做的那样。在列表删除法中，如果约翰只回答了有关收入的 Q1，则该方法会在所有分析中删除他的数据。在可用案例分析法中，该方法只在涉及收入的所有计算中删除约翰的数据。这两种方法产生的数据子集都较小，导致结果的**精确度降低**。此外，数据集越小，发现真实存在现象的概率就越低（**功效下降**；见附录 4.1）。更糟糕的是，剔除受访者可能会使数据子集的构成产生偏差，从而显示出实际上并不存在的现象（**偏差**），使研究毫无用处。

为了说明偏差，假设许多受访者没有填写 Q1 关于消费品支出占收入百分比的内容，如果这些受访者受教育程度较低，那么样本就会对这一子群体的代表性不足。当教育水平对研究问题很重要时，代表性不足就会对研究结果造成损害，因为对于教育水平较低的受访者，我们不知道他们在消费品上的支出占收入百分比，也失去了他们与其他问题相关的数据。一般来说，剔除分数缺失的受访者会改变相对于总体的样本组成。只有在样本量大、很少有缺失分数的情况出现、缺失与其他变量无关的情况下，才可以负责任地使用列表删除法和可用案例分析法。

目前已有比列表删除法和可用案例分析法更优越的方法，即使用所有观察到的数据，不丢弃任何数据（Allison, 2002; Schafer & Graham, 2002; Van Buuren, 2018）。例如，有些方法利用不同问题的缺失模式之间的关联,从现有数据中估计缺失值。其他方法则对数据进行建模,并利用模型对感兴趣的结果(如变量之间的关系)进行推断。然而,只有当数据满足特定条件时,这些方法才能得出有用的结果。否则,这些方法会产生误导性结果。统计学就像现实生活:天下没有免费的午餐。列表删除法和可用案例分析法也是如此。如果研究人员不了解这一点,在没有检查其正确使用条件的情况下使用某种方法,其结果很可能是有缺陷的。有缺陷的结果可能是有利的,也可能是不利的。不了解这些情况会使研究决策变得武断,只能在偶然的情况下才正确。

当研究人员盲目使用其研究小组中每个人都信任的方法,而该方法得出的结果看起来也不错时,就没有人会注意到他们在错误地使用一种比其他方法差的方法、在无效的条件下使用该方法或者两者兼而有之。当研究人员不知道他们应该使用现有的最佳方法,也没在使用之前检查适用该方法的条件时,他们甚至意识不到自己在犯错;因此,他们并不是有意为之。**一个有趣的问题是:当研究人员不是统计学家时,他们是否应该了解现有的方法和适用该方法的条件;至少是否需要知道,不加考量地使用统计方法是危险的;或者是否需要足够的统计专业知识?** 值得注意的是,有些研究领域在有更好方法的情况下仍旧使用次优方法,或在不适当的情况下使用某些方法。

范·京克尔等人(Van Ginkel et al., 2010)使用调查问卷收集数据，研究了人格心理学中数据缺失问题的发生率及其处理方法。他们对1995年至2007年发表在该领域三本主要期刊上的832篇文章进行了抽样调查。他们发现，约有三分之一的研究报告了问题的缺失情况。研究人员使用了12种方法来处理缺失问题。范·京克尔等人（Van Ginkel et al., 2010）发现，在处理缺失的365次尝试中，有185次（53%）使用了列表删除法，其中只有21次预先检查是否满足了适用的条件。有65次（19%）尝试使用了可用案例分析法，其中只有1次先验检查了安全应用条件。值得注意的是，无论安全使用方法的条件是否满足，研究人员都采用了这些方法。作者注意到，一些文章将数据缺失问题作为数据收集过程中的麻烦而不是威胁结果有效性的严重问题来讨论，显然没有意识到错误的处理方法可能产生的影响。作者还指出，列表删除法的流行和易于应用似乎导致人们对其他统计上更优越的缺失数据处理方法的忽视。应用列表删除法往往是一种习惯性的自动行为，这使得人们不太愿意去使用其他更好的方法。

使用次优方法和不正确使用方法是否属于有问题的研究行为？

极端值的例子是在已知结果后对数据进行裁剪以获得更有利的结果，这就是"P值操纵"的典型表现。多元回归的例子涉及一名研究人员，他信任SPSS（IBM公司，2021）等软件中包含的程序，却不知道盲目应用该程序可能会导致结果有偏差。缺失数据例子表明，研究人员使用了过时和低劣的方法，显然不知道还有更优越的方法。极端值的例子明确属于有问题的研究行为，我估计很少有读者会质疑这一点。多元回归和数据缺失的例子提出了一个问题，即不专业地使用现有的统计方法是否会导致有偏差或低劣的结果，这是否属于有问题的研究行为？关键在于，研究人员在使用统计方法分析数据时，是否有职业上的义务去了解这些内容。我将在本节讨论这个问题。

有趣的是，有问题的研究行为列表（如 Bouter, Tijdink, Axelsen, Martinson, & Ter Riet, 2016; John, Loewenstein, & Prelec, 2012; Wicherts et al., 2016）很少提到使用次优（或不正确）方法或在不满足使用条件时使用某方法的情况，但确实提到了对原本正确的统计方法的错误使用。例如，他们提到对许多统计模型进行拟合，但只公布了拟合效果最好的模型（注意，在一系列估计模型中，有一个拟合效果最好，但这是否具有实际意义？）。向后逐步回归就是这类有问题的研究行为的一个很好的例子。此外，此类有问题的研究行为列表大多集中在数据收集、研究人员之间的合作以及发表风气等方面的程序性缺陷。程序性缺陷的例子包括：反复收集额外的数据并不断检验零假设直到得到显著结果为止（数据收集、P 值操纵），将没有贡献的人列为共同作者（合作），以及不发表与自己预期不符的结果（发表风气、文件抽屉问题）。

布特等人（Bouter et al., 2016）在一项调查中发现，参与者在60例学术不端和有问题的研究行为中将"在进行数据分析前不公开地删除数据"列为对研究结果的有效性或真实性产生负面影响的第6位。这一类别指的是未报告的数据操纵行为，而我的极端值例子涉及的是在看到初步结果后删除数据。虽然没有明确提及，但这一类别也可以包括通过列表删除法或可用案例分析法不当删除有缺失数据的个案。因此，该类别确实包括使用不适当的统计方法或不负责任地使用某种方法。约翰等人（John et al., 2012）询问研究型心理学家是否有过十项有问题的研究行为中的一项或多项，但其中不包括使用不适当的方法或不负责任地使用某种方法。威彻茨等人（Wicherts et al., 2016）提供了34个研究人员的自由度，研究人员可以投机取巧做出任意选择，以提高拒绝零假设或 P 值操纵的概率，从而增加在使用新数据复现研究时发现失败结果和效应的机会（另见 Ulrich & Miller, 2020）。接近于不当方法使用的例子有"在处理不完整或缺失数据的不同方案中做出特定选择"和"在不同的统计模型中做出选择"。我将"投机取巧做出任意选择（opportunistically choosing）"解释为故意操纵数据分析以获得理想的结果，而不顾事实真相。因此，问题在于威彻茨等人（Wicherts et al., 2016）研究的是有问题的研究行为，还是由于有意作弊而属于学术不端行为的新案例。斯特内克（Steneck, 2006）明确提到，使用不恰当的统计和数据分析会损害研究的准确性，而高登聂尔和雷斯尼克（Gardenier & Resnik, 2002）则讨论了研究诚信中的误用统计的问题，并区分了两种类型的误用。第一种类型会产生扭曲或伪造的结果（例如，当小样本缺失数据过多且未检验方法适用条件时，使用列表删除法）；第二种类型则是没有向研究人员披露有关统计方法的重要信息（例如，没有报告使用了列表删除法）。

尽管文献对使用不适当的方法或不负责任地使用某种方法的性质界定有些含糊不清，但研究人员显然必须避免这些做法。没有任何借口使用过时、次优或不适当的统计方法或不负责任地使用某种方法，即使在缺乏应用技能的情况下，研究人员也能发现存在更好的统计方法，此时可以寻求统计学家的帮助。某一特定实例是有问题的研究行为还是属于学术不端行为类别（即使它不属于捏造、篡改和剽窃），取决于研究人员是没有意识到不正确的用法，还是故意误用统计来获得理想的结果，而不是真实或有效的结果。蓄意欺诈的个人会给科学带来问题，但有问题的研究行为带来的问题更大。此外，揭露欺诈行为并不能减少有问题的研究行为（Fanelli，2009）。我们必须找出欺诈者，但这说起来容易做起来难，而且我们应该将大部分精力放在减少有问题的研究行为这一更大的问题上。解决更大的问题并不意味着我们应该忽视较小的问题，尽管这个问题很严重。然而，从政策的角度来看，把重点放在减少有问题的研究行为上，而不是识别蓄意的学术不端行为，这对提高科学研究的质量更有成效。

期望研究人员知道哪些统计方法是适当的以及如何使用这些方法，这合理吗？如果研究人员不知道某种方法的不足，而且认为自己操作正确的话为什么还要寻找更好的方法呢？一个相反的观点是，研究人员知道自己不是统计学家，他应该向统计学家等更专业的人寻求帮助。这种要求太过苛刻。研究人员可能知道有更好的方法存在，但对它们并不抱太大期望，觉得它们过于复杂，认为它们都会得出相同的结论，或者因为不愿显得自己无能而迟迟不敢向统计学家请教。我在美国一所大学发表演讲后，一位博士生走过来告诉我，他的导师坚持要求博士生必须在不咨询统计学家的情况下解决统计问题，因为只有这样，他们才能学会如何解决数据分析问题，成为真正的研究人员。当我提出这很可能意味着博士生们劳而无功时，他完全同意，却无奈表示只能服从导师的指示——他还有自己的事业要追求！

在出现有问题的研究行为时，我将不再讨论动机问题，而将重点放在改善研究实践的措施上，尽可能地预防有问题的研究行为，并在出现有问题的研究行为时予以纠正。因此，使用不适当方法或错误使用适当方法的研究人员，无论他这样做是出于无知、懒惰、尴尬还是压力，都应该得到帮助，以做出正确的选择。在讨论不正确使用统计是有问题的研究行为的原因之前，我将在第 3 章中继续讨论迪德里克·斯塔佩尔的欺诈案，以此为例说明改变游戏规则的事件激发了人们对研究中无处不在的有问题的研究行为的进一步认识，以及对其采取相应措施的必要性。我在第 7 章中讨论政策措施，并在讨论了作为有问题的研究行为起因之一的统计误用之后，再次讨论这些措施。在第 4 章中，我解释了被操纵或伪造数据的特征；在第 5—7 章中，我讨论了对于没有受过统计培训的研究人员来说，统计的陷阱和反直觉结果。

启　示

统计学很难。即使你正确地运用了一种方法，你也可能会发现自己最终报告的结果是无效的或低劣的。

训练有素的统计学家仍然觉得统计很难，所以你也觉得统计很难，不要为此感到担心。统计学家也可能会从你的经验中有所收获。

不要让任何指导者告诉你，最好的学习方法是在没有专家帮助的情况下解决统计问题。向专家学习才是最佳途径。

附录 2.1：方法概念

我将简要解释研究单位、数据、变量、样本和总体等概念。对于不熟悉这些概念的读者来说，这个摘要只是一个简略的介绍，但远远不够完整。

研究单位。在人文科学中，研究单位指的是提供数据的相关实体。研究单位的其他称呼包括个案、参与者、受访者和研究对象。除了个人，研究单位还可以是一对夫妻、一个家庭、一所学校、一家医院和一个市政当局。已婚夫妇可以提供消费习惯信息，家庭可以提供社会交往信息，学校可以提供学习成绩信息，医院可以提供病人服务信息，市政当局可以提供公共交通政策信息。这些信息就是统计分析的输入。对输入信息的常用称呼是数据。在精密科学领域，研究单位也是多种多样的，例如动物、细菌、从不同地区采集的植物、从下水道系统采集的水样、从不同工业场所采集的土样、岩石、基本粒子和太阳系。

数据。数据几乎可以是任何信息来源，如对书面问题的回答、对访谈者口头问题的回答、选择题中不同选项的选择、对象排名、文件、人口统计或医疗数据。医疗数据非常庞大，包括接受治疗后患者的居家恢复情况以及血液中酶水平和氧气浓度等信息。收集到的数据通常是定性的，包括单词和句子或算术练习的数值结果，以及脑部扫描的图像。由于此类数据难以直接进行统计分析，研究人员通常会将定性回答转换为数字或将其编码。数字代表有意义的回答类别——例如，算术题的答案正确为1，错误为0——尽管这删除了错误类型的信息。编码的其他称谓是数值或分数。

有时，研究人员会怀疑量化原始数据可能会导致有价值信息的丢失。为了避免信息丢失，我们可以为与研究问题相关的不同回答类型赋予不同的编码。不量化原始数据的另一个原因是研究单位数量稀少，例如对跨国公司首席执行官的访谈；或研究单位难以获取且非常耗时，例如对医院破产案例的研究。使用简单的统计方法至少需要几十个研究单位的数据，而使用更高级的统计方法则需要数百个研究单位的数据。目前有了定性数据的分析方法（例如，Ritchie, Lewis, McNaughton Nicholls, & Ormston, 2013）。

变量。变量是指一项研究中不同研究单位提供数据的量，该量随其值的变化而变化。变量有很多，可以是消费者行为问题，也可以是年龄和教育水平等背景变量，还可以是儿童保育专业人员对儿童在幼儿园的活动、游戏和社交互动的评价，以及智力、算术和语言评估。研究人员收集多个变量的数据，在可穿戴设备和互联网以及脑部扫描仪等先进医疗设备的推动下，如今的数据量即使没有达到上百个，也有几十个。统计分析总是针对变量进行的；变量是统计分析的关键。没有变量，统计就无从谈起。

样本和总体。研究人员从更大的总体中抽取样本有两个原因：首先，总体数量太大，无法全部纳入研究范围。其次，只要样本具有代表性，那么相对较小的样本可以替代总体。就某个研究问题对所有 3.3 亿美国公民进行调查，不仅是一项艰巨的任务，而且与对数千名受访者进行抽样调查相比，也是一种时间和资源的浪费。就信息量而言，增加样本量遵循边际收益递减规律，样本量增至一定程度后，再增加更多的受访者只能带来微不足道的收益，甚至是无用的。

样本对总体的代表性是一个需要持续关注的问题。在很多情况下，样本必须与总体相似，才能反映总体信息。让我以研发 COVID-19 疫苗为例。如果总体包括不同年龄段的各种人群，健康人群和患有基础病人群，男性和女性，那么当研究人员有理由认为疫苗在不同人群中的有效性或安全性可能不尽相同时，样本就必须代表所有这些人群。如果样本只包括年轻、健康的男性，那么结果只对这一亚群有效，则样本无法代表总体。有时，研究人员会故意对亚群进行超量抽样，例如，研究人员有兴趣了解某种剂量的实验性疫苗的副作用，因此需要在接种该剂量疫苗的亚群中进行高密度抽样。

统计理论要求必须从总体中随机抽样。这意味着总体中的每个人在样本中被选中的概率必须相同。假设总体由5,467,892人组成，需要一个20,000人的样本，那么随机抽样就相当于从5,467,892张卡片中盲抽出来20,000张。如果把随机抽样作为进行研究的硬性条件，研究人员就需要完整的总体名单和随机抽样程序。这里有几个实际问题。

首先，即使有的话，总体成员名单通常也是不完整的。总体是一个动态的实体，成员在其中进进出出。有的人出生，有的人去世；有的学生入学，有的学生退学或结业；有的健康人感染疾病，有的病人康复了。其次，总体有时很难界定。例如，当我们对美国人口这个总体进行研究时，是只包括拥有美国国籍的人，所有合法居住在美国的人，所有居住在美国但没有居留证的人，还是上述群体中2020年居住在美国的人，等等。假设我们已经明确了总体定义，并能获得一份相当完整的名单，那么随机抽取研究单位就意味着失去对样本组成的控制，从而影响其对总体的代表性。样本越大，影响越小，但较小的亚群可能没有或几乎没有。如果研究的目标是获得一个具有代表性的总体样本，那么可以先分离出所有相关的亚群，然后从每个独立的亚群中按比例随机抽取子样本。如果亚群本身在研究中很重要，则可以对该亚群进行单独研究。

奇怪的是，在许多关于人类的研究中，从有意义的总体中抽样是一个被忽视的话题。研究人员通常使用便利样本。这些样本碰巧可以获得，但可能不是随机抽样的结果，因而不能很好地代表总体。因此，统计分析可能会有问题，将结果推广到总体也会有问题。如果无法推广结果，做研究还有什么意义呢？在许多人文科学领域中，这是一个许多人没有充分意识到的问题，我建议读者查阅各种期刊文章中"方法"部分的内容。我的经验是，研究人员通常会很好地描述样本的背景变量，如性别、年龄、教育程度等，但对希望将研究结果推广到的总体的描述却很模糊，甚至完全没有。梅伦伯格（Mellenbergh，2019）讨论了人文科学中常见的几种抽样策略。

附录 2.2：多元回归模型

我用符号 X_j 表示预测因子 j，其中 X 代表得分变量，下标 j 代表预测因子序号，j=1，……，J。效标是 Y。多元回归模型根据预测因子对预测效标的重要性对预测因子进行加权。回归系数用小写希腊字母 beta 表示，即 β_1，……，β_J。通常情况下，一组预测因子并不能完全预测一个效标。观察到的效标分数与模型预测的效标分数之间的差异或残差用小写希腊字母 ε 表示。受访者 i 的多元回归模型为：

$$Y_i=\beta_0+\beta_1 X_{i1}+\cdots+\beta_J X_{iJ}+\varepsilon_i$$

参数 β_0 是截距，与本章讨论的例子关系不大，因此忽略不计。根据数据估算多元回归模型，这是统计学中的常规操作，但超出了本书的范围。样本模型如下：

$$\hat{Y}_i=b_0+b_1 X_{i1}+\cdots+b_J X_{iJ}$$

其中，小写 b 代表根据样本数据估计的系数，$\hat{Y}_i$ 是估计的效标分数。差值 $\hat{\varepsilon}=Y_i-\hat{Y}_i$ 是估计的残差。

我们可以使用不同的预测因子来预测效标 Y。一组预测因子对一个效标的成功预测程度，由样本中观察到的效标分数 Y 与多元回归模型利用观察到的预测因子分数所预测的效标分数 $\hat{Y}$ 之间的平方相关系数表示，记为 $R^2=r^2_{Y\hat{Y}}$，其中 r 为样本相关系数。相关系数 $r_{Y\hat{Y}}$ 表示观测值与模型值之间线性关系的强度。相关系数平方表示估计模型解释 Y 方差的比例，用 S^2_Y 表示（大写字母的平方 S^2 为样本方差）。这种相关关系就是多重相关。样本中各受访者的残差 $\hat{\varepsilon}$ 的方差 $S^2_{\hat{\varepsilon}}$ 是模型预测效标 Y 的失效程度：残差方差越大，模型无法预测 Y 的部分就越大。我们可以通过统计检验来确定样本系数 b 是否能证明相应系数 β 显著不为零。

注 释

1 https://www.merriam-webster.com/thesaurus/erratic

2 https://www.collinsdictionary.com/dictionary/english/erratic

3 https://www.merriam-webster.com/dictionary/accident

4 https://www.collinsdictionary.com/dictionary/english/accident

5 韦尔奇校正意味着假设两个社区的收入方差不同。这是合理的，因为我们事先并不知道方差是相等还是不相等。

6 我对人文科学的定义比较宽泛，包括人类学、经济学、教育学、健康研究、政策研究、政治学、心理学、社会学以及其他关注人类行为的学科。当然，学术不端行为和有问题的研究行为在科学和人文学科中也很常见，这些领域丰富的文献见证了这一点。

第 3 章

从数据欺诈中学习

在本章中，我将继续讨论斯塔佩尔的欺诈事件，将其作为一个典型的学术不端案例，并以此为出发点，思考本章和第 7 章中讨论的预防学术不端行为和有问题的研究行为的政策措施，并考察第 4 章中详细讨论的不真实数据的特点。我还花了一些时间探讨为什么欺诈案件往往长期未被发现——这也许是本书中最富猜测性的部分，但也是一个无法逃避且非常紧迫的话题，因此值得充分关注，以进一步提高对研究不完善的认识。

后见偏差（Hindsight Bias）

在接下来的 15 个月里，直到最终报告出炉，斯塔佩尔事件一直是媒体关注的焦点，几乎没有让我和其他几位必须面对其后果的人有片刻的休息。起初，媒体的注意力集中在蒂尔堡大学这个最初的"案发地"。一定会问的问题是，我们是否曾有过怀疑？

如果我们多加注意的话是否就能察觉斯塔佩尔的所作所为？但不得不说，我们毫无头绪，现在和其他人一样感到困惑和被骗。我注意到对很多人来说这都是个困难的话题，主要是因为人们很难抛开事后获得的信息，如果没有这些信息，人们是否本可以知道当时发生了什么。回过头来看，肯定是有征兆的，但这些征兆需要联系它们发生的背景才有意义。在真相曝光前后，同样的征兆会被赋予截然不同的含义。

我们是否应该对同事的工作以及他们对我们的工作持有更批判的态度，如果是，我们如何才能实现这种行为改变，而这种改变无疑会影响我们的职业关系，这是一个有趣的问题。在斯塔佩尔的造假行为被揭露后，其他大学的一些不端行为案例也被公之于众，这些不端行为的持续时间都很长，10 到 15 年也不少见。以下是四个此类不端行为案例[1]。

- 阿姆斯特丹自由大学的人类学家 M.M.G.（马特）巴克斯 [(Mart) Bax][2] 声称，他在 1974 年至 2002 年的两个研究项目中使用过的目击者和文件无法查到，因此得出结论认为有理由怀疑这些文件的存在（Baud, Legêne, & Pels, 2013）。此外，负责巴克斯案件的委员会发现，巴克斯对其几份出版物稍作改动后又重新发表，但未作任何说明，而其他出版物则无法检索，因此似乎并不存在，这表明巴克斯的工作方式普遍缺乏透明度和可核查性。

委员会注意到20世纪末的一种组织文化，即小型和独立的研究小组，其工作质量逃避了外部评估，而如今的组织文化则更多地以合作和接受相互批评为动力（Baud et al.，2013，第42—47页）。

- 大约在斯塔佩尔事发的同一时期，鹿特丹伊拉斯姆斯大学内科和心血管内科的唐·波德曼斯（Don Poldermans）[3]未能获得研究患者的知情同意，并且在没有获得医学伦理委员会的许可（即使在法律上没有必要）的情况下报告了获得许可。此外，数据收集、数据处理和研究结果都有不准确之处，共同作者的排列不符合组织规定，报告的数据比实际情况更完整，因此有可能导致结果有偏差。在建议的第6页，诚信委员会注意到一种漠不关心的研究文化，在第8页，他们建议促进共同承担研究诚信责任[4]。波德曼斯的案例与本文讨论的其他几个案例不同，他有瑕疵的研究结果可能对医疗干预的成功产生了不利影响（Bouri, Shun-Shin, Cole, Mayet, & Francis, 2014; Cole & Francis, 2014a, b; Lüscher, Gersh, Landmesser, & Ruschitzka, 2014）。本文讨论的其他案例，包括斯塔佩尔的案例，可被视为对理论建设或政策制定的消极贡献，但不会对个人造成直接影响（当然，参与其中而不知情的同事除外）。

- 阿姆斯特丹大学的心理学家延斯·福斯特（Jens Förster）[5]

在 2009 年、2011 年和 2012 年发表的三篇文章中报告了线性趋势，而这些趋势在没有人为操纵的真实数据中极不可能出现。此外，他还报告了不包含任何缺失数据的数据，没有被试者退出实验，并且没有被试者表示发现了实验中惯常会有的欺骗，这种事情在心理实验中不太可能发生，引发了对数据真实性的怀疑。在注意到研究人员对数据透明存储的必要性仍然认识不足后，心理学系采取了几项措施来完善研究政策。

- 最近，在 2012 年至 2018 年间，莱顿大学心理学家洛伦萨·科尔扎托（Lorenza Colzato）[6] 在发表的论文中没有署名应有的共同作者，在采集血液样本时没有获得医学伦理委员会的许可（根据荷兰法律，这属于刑事犯罪），操纵数据以获得有利结果，并在基金申请中报告了很可能从未进行过的研究。得出这些结论的诚信委员会在其报告[7]第 26 页暗示，"及早发现可能违反学术诚信行为的适当渠道没有发挥作用"。第二份报告于 2021 年发表，[8] 共发现 15 篇有问题的文章。通常情况下，提供不符合研究人员预期数据的受试者会被从分析中删除。27 篇文章的原始数据已无法获得，因此无法进行进一步调查。

科学诚信委员会在调查涉嫌欺诈案件并向大学执行董事会提出建议时，通常会提到组织文化中责任分担不足是问题的根源，并提出改进建议。调查斯塔佩尔和巴克斯旷日持久案件的委员会也注意到，怀疑同事行为不当的个人在采取行动时会有所顾虑。组织障碍肯定会起到重要作用，但个人承担责任或不承担责任则是另一个问题。斯塔佩尔案表明，三名初级研究人员尽其所能地做了准备，然后大胆地迈出了一步。然而，这仅仅是在15年后，而这期间并没有其他人采取果断行动。为什么这些并非一朝一夕发生的案件以及其他类似案件的揭露需要如此长的时间？难道没有人怀疑过吗？我认为他们有过怀疑，但一般来说，一个人要采取行动并向负责研究诚信的老师或主管报告自己的怀疑，需要迈出一大步。原因如下：

第一，人们可能更愿意确定指控的真实性，并希望避免虚假指控，以免不公正地损害同事的声誉。虽然在某些情况下，事后证明这种谨慎是没有必要的，但是，对降低投诉程序门槛的呼吁，有时似乎忽视了被指控者可能是无辜的这一事实，而毫无根据的投诉可能会造成巨大伤害。被误指控者就像那些欺诈受害者一样彻夜难眠，可能需要很长时间才能走出这种负面经历。第二，人们可能很难相信一个被认为是值得尊敬的同事会有严重的不端行为，因此会认为错误行为可能是一个无意的失误，最好忽略不计。我认为，人们倾向于否认这种不一致，或至少为自己的不作为找借口，希望生活继续，尽量免受干扰。第三，当潜在投诉人认为风险太大时，级别差距可能会阻碍行动。在这种情况下，人们只是因为不信任有关部门而担心自己提出投诉时没有胜算，甚至可能招致报复。第四，在斯塔佩尔案中，一位参加晚宴的客人对我说，当他在为杂志评议的文稿中发现欺诈证据时，会对此事保密。他只是不想惹麻烦。人们不愿意承担投诉的风险，也不想卷入一个需要花费大量时间和精力而和他们根本无关的局面。

谨慎、否认、担心和不愿意可能是消极被动的部分原因，社会心理学中的"旁观者效应"则是第五个原因，指的是当其他人在场时，个人倾向于对受害者采取消极被动态度的现象。这种效应是指，一些人听说过、怀疑过、亲眼见过甚或在饮水机旁谈论过的不端行为会长期拖延。在怀疑研究造假的情况下，个人可能会很容易地认为应该由老师、主管或行政人员负责采取行动。当许多人决定袖手旁观时，其后果可能是老师、主管或行政人员并不知情，因而无法采取行动。斯塔佩尔案件中的三位举报人发现，他的研究结果好得不像真的，在过去的15年中，肯定有更多的同事有过类似的想法，但却没有进一步采取行动。调查斯塔佩尔不端行为的三个委员会得出结论，在三位年轻的举报人采取行动之前，几位资深同事一直处于被动状态。

如今，荷兰所有大学都已接受《荷兰研究诚信行为准则》［KNAW；NFU；NWO；TO2-federatie；Vereniging Hogescholen；UNL（前身为VSNU），2018］。这些机构都任命了研究诚信顾问，当研究人员和学术界的其他成员怀疑同事违反诚信时，可以向他们进行保密咨询，并设立了委员会调查涉嫌违反研究诚信的投诉。这些委员会开展工作所依据的法律规则确保投诉人和其他利益相关者受到保护，不会对他们的职业前景或其他方面造成不应有的损害。多年来，我注意到，即使如此，潜在的投诉人仍然不信任这个系统，不敢提出投诉，或者担心被投诉人会找他们算账。另一种策略是不要单独投诉，而是与一个小团体一起投诉，或者让一名指导老师带头投诉。斯塔佩尔案中的三名举报人就采取了这一策略，但通常情况下，人们需要独自面对艰难抉择。不可避免的是，举起手来需要一定程度的公民勇气，相信自己做的是正确的事，但追求完全确凿的指控、不相信有人参与了不道德行为、害怕提出投诉的后果以及不愿卷入其中，可能导致人们最终选择不作为。事实上，斯塔佩尔是位知名科学家，受到许多同事的高度评价并有强大后台，这一事实也许会让潜在举报人有所顾虑而退缩，调查斯塔佩尔案的委员会也得出了这一结论。

成为减少不端行为催化剂的斯塔佩尔案

终止斯塔佩尔的合同，成立利韦特委员会，要求他们不遗余力地查明真相，这就是大学在最初几天所能做的一切。此外，人们很快就发现，斯塔佩尔违反诚信的行为早在阿姆斯特丹就开始了，并在格罗宁根大学时期愈演愈烈，最终在蒂尔堡大学达到巅峰并被揭露出来。因此，在几周之内，媒体的讨论转向了另一个方向，即斯塔佩尔是不是一个独特的案例，以及大学通常是如何

第 3 章　从数据欺诈中学习

处理涉嫌不端行为的怀疑或指控的。尽管斯塔佩尔的名字出现在报纸上每一篇有关研究诚信的文章和新闻快讯中，但媒体现在更多追问科学家开展研究的方式。此外，其他大学也报道了许多新的学术不端行为案例，这表明斯塔佩尔的案例并非个例——尽管因其规模之大、牵连的共同作者和博士生数量之多（仅因与他合作或受他指导便被卷入）而显得极为严重。

对于每篇期刊论文，德伦斯（阿姆斯特丹大学）、诺特（格罗宁根大学）和利韦特（蒂尔堡大学）委员会都会调查其是否存在被篡改的数据、编造的数据或虚假的研究——这些研究据信从未发生过，使用的数据根本不存在。三个委员会得出的结论是，共同作者和博士生只是相信他们的同事或导师是善意和正直的，因此被误导了。回过头来看，读者可能会再次倾向于认为，在揭发者公开他们的发现之前，一定有人注意到了这么大的骗局。我再次提醒那些读者，当你不知道有人在欺骗你时，你就没有理由认为自己被误导了，并且会像一切正常那样行事。那个对自己的所作所为了如指掌的骗子有的是时间和机会把你引入歧途，并在必要时调整自己的行为，以防你起疑心。而且，与成功的同事一起工作或接受著名教授的指导是很有吸引力的，难道不是吗？

媒体对科学研究和研究诚信的关注，迅速提高了研究人员和管理者的意识，让他们认识到科学领域不能再像往常一样继续下去了。斯塔佩尔事件是这一过程中的催化剂，而不是原因（Huistra & Paul，2021）。在斯塔佩尔事件之前，其他诚信丑闻也陆续被曝光——无论在荷兰国内外，只要科学存在，此类事件就会发生。Broad and Wade（1982）、Judson（2004）、Goodstein（2010）和 Stroebe, Postmes, and Spears（2012）对较早的案例进行了概述。Kevles（1998）讨论了遗传学领域的巴尔的摩（Baltimore）的案例，Craig, Pelosi and Tourish（2020）讨论了心理学家汉斯·艾森克（Hans Eysenck）的案例，这两个案例都颇具争议性。范·考尔夫斯霍滕（Van Kolfschoten, 1993, 2012）讨论了荷兰大学数十个案例的概况。例如，1990年，埃因霍温理工大学教授亨克·巴克（Henk Buck）（Maddox, 1990; Van Kolfschoten, 2012, 第169—180页）在《科学》杂志上发表文章（Buck, Koole, Van Genderen, Smit, Geelen et al., 1990）声称他找到了一种治疗艾滋病的方法，却无视了几位同事在文章发表前后对实验室结果可能受到污染的担忧。对巴克的工作进行调查的两个委员会推断，巴克实验室的工作氛围令人生畏并有欺诈行为的迹象，该大学最初接受了这些推断，但后来撤回了。那篇《科学》杂志上的文章被撤稿。巴克提前几年退休。另一个例子涉及莱顿大学的心理学教授勒内·迪克斯特拉（René Diekstra）（Bos, 2020, 第75—78页；Van Kolfschoten, 2012, 第62—80页），1996年一些媒体和同事指控他在大众和科学出版物中抄袭。在一个委员会调查此案并证实指控后，迪克斯特拉辞职。巴克案和迪克斯特拉案都受到了媒体的密集报道，并引发了长期的激烈争论，但都没有产生像斯塔佩尔案那样的影响。

第 3 章 从数据欺诈中学习

我第一次听说科学界存在欺诈行为是在 1989 年，当时我的前博士生导师、格罗宁根大学统计学教授伊沃·莫莱纳尔（Ivo Molenaar）私下告诉我，他们最近面试并聘用的一位应聘者可能是个骗子。[10] 事情是这样的：格罗宁根大学的另一位统计学家、面试委员会成员汤姆·斯奈德斯（Tom Snijders）无意中发现了一篇发表在心理学杂志上的关于统计主题的文章，这篇文章与他几年前完成、后来发表在统计学杂志上的硕士论文非常相似。一些文字片段、数学公式和表格与斯奈德斯的硕士论文简直一模一样。被指控抄袭作品的作者之一就是应聘者约翰内斯·金马（Johannes Kingma）。在金马寄给面试委员会的简历中，并没有出现这篇涉嫌抄袭的文章。莫莱纳尔阅读了这些出版物后，确信这些相似之处绝非偶然，于是他将这一明显的欺诈行为告知了面试委员会主席。委员会要求金马做出解释。金马声称他不知道斯奈德斯的文章，他的文章是原创。委员会对这一解释表示不满，并撤回了工作邀请。金马并不接受，他诉诸法庭，要求对抄袭指控进行重新调查。这一不寻常的举动促使法院邀请两名统计学家进行评估。专家得出了与斯奈德斯和莫莱纳尔相同的结论，金马的傲慢成了他的致命伤。在这一事件中，我也了解到了这种厚颜无耻的行为——不仅是抄袭，还有胆量诉诸法庭——对组织和员工的影响。我的导师在大学得以终止金马案前深受其苦并经历了几个不眠之夜。

虽然斯塔佩尔并非科学界欺诈行为的始作俑者，但问题是，为什么斯塔佩尔案会引起媒体和世界各地同行的广泛关注？（如，Budd, 2013; Callaway, 2011; Chambers, 2017; Chevassus-au-Louis, 2019; Craig, Cox, Tourish, & Thorpe, 2020; Haven & Van Woudenberg, 2021; Markowitz & Hancock, 2014; Nelson, Simmons, & Simonsohn, 2018; Stricker & Günther, 2019; Zwart, 2017）当然，其规模之大、程度之深令人发指。欺诈行为至少持续了 15 年，误导了数十名同事，最严重的是，欺诈行为曝光后，几名博士生眼睁睁地看着自己的论文化为乌有。肆无忌惮地让博士生在不知情的情况下使用捏造或篡改的数据来破坏他们的工作，而他们却认为这些数据来自真实实验，斯塔佩尔这种无良行为可能是最令同事和公众震惊的地方。德伦斯、诺特和利韦特委员会还提出了另一项他们称之为"马虎科学（sloppy science）"的发现，就像我在第 2 章中讨论的有问题的研究行为一样，这可能给许多研究人员敲响了不愿听到的警钟。委员会的发现并不新鲜，但对荷兰大学的影响却不容忽视。在接下来的几年里，各大学都强化了诚信政策，并要求员工签署承诺书。它们开设了有关研究诚信和良好研究实践的课程，扩大了研究伦理委员会评估研究申请的范围，并鼓励甚至强迫研究人员在机构或国家提供的服务器上保存数据包，包括原始数据和处理过的数据（如缺失数据处理结果）。他们还收紧了有关博士研究条件和博士论文要求的规定。

各大学落实了如此多甚至更多的措施，但一些研究人员和研究领域仍然没有完全接受这一点。在回应这些措施时听到的一个保留意见是，研究人员认为并反对管理人员不重视他们，甚至不信任他们。还有一些研究人员认为，他们的研究方式是他们的责任，而不是院长或大学执行董事会的责任。为了强化这一论点，一些研究人员呼吁将学术自由作为科学工作者的最终避风港，保护自己免受非科学工作者的干扰。学术自由在文献中受到了广泛关注，对于这个公认的难题，我并不认为自己拥有终极智慧。因此，我只想根据自己在学术界的经验谈一些看法。我的观点是，学术自由是一项非常重要的成就，但并不意味着学者可以为所欲为。学术自由意味着科学家可以自由地研究他们选择的任何课题，并且可以不受国家、政治家、宗教团体、大学、科学家同行以及任何其他机构或团体的干涉。简单地说，在科学领域，我们不认可对研究课题设置任何禁忌。然而，就像所有原则一样，一旦其他利益集团开始介入，这一原则就会面临压力。

荷兰犯罪学家沃特·布伊奎森（Wouter Buikhuisen）在20世纪70年代对犯罪行为的生物学相关性和决定因素进行了研究，这是一个如今声名狼藉、公认的侵犯学术自由的极端例子。在那个时代，人们相信"教养"而非"天性"，因此，"行为在一定程度上是由生物逻辑决定的"这一观点并不受欢迎。这种消极的态度是基于对世界和人性的特定看法，但缺乏科学依据。因此，不仅是他的研究，就连布伊奎森本人也成了报纸和电视台以及其他科学家猛烈抨击的对象。这场争论最终导致他在20世纪80年代末离开了大学和科学界。20世纪90年代，大脑研究在心理学和其他科学领域大行其道，对行为的生理决定因素的禁忌也似乎从未存在过。进入新千年后，布伊奎森恢复了名誉[11]，但他年事已高，即使有雄心壮志，也无法重拾当年的研究。

一个人并不是在与周围环境完全隔绝的情况下进行研究的。这意味着，同事们会对自己研究的意义发表意见，而且有权发表意见；这也是学术自由。问题的关键在于，关于研究质量的讨论必须使用客观的论据和逻辑，而不能反映政治观点、个人信仰以及对受评人的好恶。科学领域的公开讨论就像我们呼吸的空气一样，是我们生存的需要，而讨论意味着所有讨论者都愿意接受支持或反对其立场的合理论据。最大的后果可能是研究人员取消计划中的项目，或至少根据同事的意见认真修改项目。

没有实现最初选定的研究计划的另一个原因是，没有人对它感兴趣。研究人员认为该计划对解决某个更大的问题或发展某个研究领域缺乏贡献，可能是其中一个原因。另一种可能是，许多同事告诉研究人员，他计划做的事情别人已经做过了。试图证明地球是一个球体就是一个蹩脚的例子。一个更好的例子是，研究人员常常选择一个几十年前其他研究人员研究过课题，而这个课题随着知道结果的那几代人的消失而消失了，但他并没有意识到自己是在以一种略有不同的方式复现研究，而没有增加任何实质性的东西。一个更实际的原因是，研究人员所在的学校不想资助某项研究计划，因为它不符合学校及其学者商定的资助研究项目范围。对同事批评——作为一种有组织的怀疑——感兴趣的读者，可以参考默顿的开创性著作（Merton，1973）。

促进负责任研究行为的其他措施

　　2012年，蒂尔堡社会与行为科学学院针对利韦特委员会的初步调查结果，采取了一项有点不走寻常路的措施，即成立科学委员会。[12] 这个委员会是什么？它的职能是什么？为什么要成立？科学委员会是一个检查委员会，负责评估研究人员的数据处理并提出建议。科学委员会的名称是一种委婉的说法，目的是规避在斯塔佩尔被揭发后，学院研究人员对为研究和数据管理负责产生抵触情绪。读者初读时可能会觉得前一句话有些奇怪，需要解释一下。当然，每个研究人员都要对自己的研究负责，包括理论研究的质量、研究设计、统计分析以及在专业期刊和其他媒体上发表文章报告结果。斯塔佩尔事件揭示的是，如果研究人员铁了心欺诈，他可以长时间伪造数据而不被同事察觉，一旦被发现，就会一举摧毁科学的公信力。科学体系的基础是相信这种情况不会发生，相信科学不会出现这种不当行为，相信科学家是真理的使者，是无懈可击的。但科学的悠久历史一再表明，欺诈行为时有发生——想想遗传学家乔治·孟德尔（Georg Mendel）在19世纪60年代提供的数据好得不真实的早期例子（Judson，2004，第55页），以及智力研究人员西里尔·伯特（Cyril Burt）在20世纪

50年代至60年代发表的未经同行评审的文章中,相关系数的小数点后三位是一致的(Judson,2004,第94页)①。然而,对科学道德纯洁性的信念似乎总是占上风,除非下一个丑闻大到难以忽视,斯塔佩尔的欺诈行为似乎就是这样一个转折点。

不过,从完全信任到问责的转变仍需时日。我记得在斯塔佩尔身败名裂几个月后,在蒂尔堡举行的一次全国会议上,几位发言人提醒听众"我们不像斯塔佩尔",虽然我同意此话,但我也注意到大家普遍不愿承认,在问责制问题上我们不能再天真了。在一篇批评性的全国性报纸文章中,[13]一位心理学家提醒全民,一些心理研究人员将他们的研究数据保存在家中的档案盒中,他声称我们不能再容忍这种做法了。我同意他的观点,在一次正式会议上,我用档案盒做比喻,顺便引用了他的观点,没想到大学的报纸会引用我的观点。这引起了一些研究人员的不满,他们仅仅因为我引用了别人的文章而感到愤怒。为了平息他们的情绪,我不得不给系主任写了一封信,准确解释了我的意思,幸运的是,这让他们冷静了下来。

这一事件表明,同事们对斯塔佩尔事件的反应已经到了忍无

---

① 伯特去世后,针对他的舆论以排山倒海之势猛扑过来,其中最强有力的攻击是质疑他学术不端,数据造假。其中,伯特用双生子调查智力遗传的研究中,提交的资料前后不一致,收集资料的人根本不存在,或者没有收集过资料,论文合著者疑点满满,发布一篇论文后就在学术界销声匿迹了,还有一些人注意到他论文中单卵双生子和双卵双生子智力分数的相关系数是相同的,小数点后三位完全一致(0.771),甚至当样本增加了(新)数据,这个相关系数仍然保持不变。鉴于伯特本身也是颇负盛名的统计学家,不太可能犯如此低级的错误,因而有理由怀疑他捏造了数据。——编者注

可忍的地步。学院内外、大学内外的许多同事感到难以置信、愤怒和羞愧。一位最近备受尊敬的同事，甚至受到信任成为学院院长，竟然愚弄和背叛了所有人，这让人难以接受。一些人开始对自己的工作方式甚至职业生涯感到迷茫。还有一些人，尤其是当他们所在的组织单位远离社会心理学系、社会与行为科学学院或蒂尔堡大学时，常常表现出从"与我无关"到"这种事绝不会发生在我们身上"的态度。作为院长，我也在公开场合目睹和经历了一些痛苦时刻。例如，在另一所大学的一个正式场合，当着全场观众的面，一位发言人突然开始抨击蒂尔堡大学，他显然不知道斯塔佩尔事件涉及三所大学，而蒂尔堡大学是最终抓住他的那所大学。后来，人们对蒂尔堡大学处理这一事件的方式从最初的不满和攻击转为认可，但这是一段时间以后的事情了。就在这种氛围下，在斯塔佩尔事件让所有人措手不及的半年后，我们成立了科学委员会。如果是一个更谨慎的管理团队，也许会再等一等，但我们认为我们应该迅速行动起来，利用许多人的紧迫感做一些事情，不想浪费危机提供的良机。

科学委员会的工作程序如下：每年从学院研究人员在国内外期刊上发表的文章、书籍中的章节、专著和博士论文中随机抽取20篇实证研究出版物。委员会对每份出版物的数据存储质量进行评估，包括数据包和元数据的可用性（每位作者对研究的贡献是什么）、隐私保护措施和数据储存期限，也评估研究方法报告的规范性。根据收集到的信息，他们会与文章的第一作者面谈，并就数据存储和报告的质量提出意见，并逐步采用可查找性（Findability）、可访问性（Accessibility）、可互操作性（Interoperability）和可重用性（Reusability）的FAIR原则（Wilkinson, Dumontier, Aaldersberg, Appleton, Axton et al., 2016）。如果委员会发现细节问题或更大的问题，他们会建议第一作者及其同事改进数据存储方式、完善数据集的完整性、尊重受试者隐私、优化数据访问权限并确保其他研究人员可获取数据。其目的有三：第一，鼓励各方共同努力，加强数据处理和方法报告方面的问责制；第二，为所有人创造一个学习的机会，所有担心因数据管理不善而被"猎巫"的同行都可以放心了；第三，通过示范作用，推动大学数据政策发展，并可能为社会与行为科学领域的研究数据存档制定全国性规范。

科学委员会的成立表明，人们突然意识到科学家对同事、大学、社会和科学负有责任。有了这种责任，就必须准备好对自己的工作和工作方式负责。像透明度这样显而易见的事情，科学委员会竟然过了这么久才认识到并付诸行动。这一点尤其值得深思，因为在科学的历史长河中，斯塔佩尔事件并不是第一起违反诚信的事件，相反，斯塔佩尔事件是一剂催化剂，促使科学家们思考让自己的数据管理接受同事监督的必要性。在一个允许研究人员完全自主制定数据政策的文化中，几位研究人员最初表现出的抵触情绪是可以理解的。此外，在发生数据欺诈大案的背景下，其他人很容易将引入检查委员会视为对科学界的不信任。说

"不是"很容易,但人们会相信吗?我想说的是,考虑到各个研究领域的诚信违规和有问题的研究行为屡禁不止,强制检查无论以何种方式实施,都能向科学界证明他们意识到自己不是圣人,并采取预防措施尽可能避免不良行为的发生,这符合每个人的最大利益。此外,重要的是要认识到,在没有某种强制性检查机制的情况下,像斯塔佩尔这样的人能够在相对孤立的环境中工作,与所有潜在威胁者保持一定距离。强制性检查可能会吓跑潜在的欺诈者,或至少使他们望而却步,以至于学术不端成为一种无利可图的"研究"策略。

科学委员会运作良好吗?最新的经验是:一些研究小组的数据政策比其他研究小组更加完善;当被要求提供一篇文章的数据和方法信息时,研究人员往往只是为了应付检查而安排数据存储;当研究人员离开学校时,他们往往会对数据管理失去责任感。尽管仍有许多工作要做,一些研究人员仍必须适应将数据管理视为必要任务而不是一种麻烦,但有了委员会的存在,就能提高人们的意识,增强责任感,并为承担责任做好更充分的准备。

最后,科学委员会的程序当然不是实施检查的唯一方法,而且很容易修改。最初的程序没有现在这么细致,随着实践经验的积累,这些年来不断得到改善。顺便提一下,蒂尔堡大学没有采用的另一种方法是,与其随机选择研究人员(这可能会被理解为一种威慑而非学习经验),不如选择在固定和已知的时间间隔内为每位研究人员选择一份出版物,并根据个人需求量身定制学习机会。当然，这样的程序会很耗时，需要与预期的学习收获进行权衡。拉维夫、蒂亚丁卡、西茨马、布特、埃文斯等人（Labib, Tijdink, Sijtsma, Bouter, Evans et al., 2023）从治理的角度讨论了科学委员会的案例，试图将网络流程与行政规则结合起来，建立一种促进研究诚信的可行方法。

启 示

即使同事们已经察觉到有些不对劲，学术不端事件也可能持续存在。许多心理机制会阻碍同事站出来揭发，但共同努力有助于消除这些障碍。

由于信任对于营造良好的研究氛围至关重要，因此旨在降低越轨风险的政策措施可能优于个人的举报。政策措施给出了明确规则并影响到每个人，而不会以牺牲工作场所的相互信任为代价。

大多数科学家珍视他们的学术自由，他们也应该这样做，但学术自由并不能免除他们对同事、雇主、社会和科学界所负有的研究责任。

注 释

1 相关研究人员的姓名已多次在媒体上公布，在互联网上搜索即可获得，因此在此不再赘述。

2 巴克斯的身份见鲍德,莱盖尼和佩尔斯(Baud、Legêne and Pels,2013)撰写的官方报告。另见阿姆斯特丹自由大学周刊Ad Valvas对其身份的全面介绍,遗憾的是,非荷兰语读者只可使用荷兰语阅读: https://www.advalvas.vu.nl/nieuws/'ernstig-wetenschappelijk-wangedrag'-van-antropoloog-bax。

3 在荷兰和国际期刊上发表的几篇文章(Bouri, Shun-Shin, Cole, Mayet, & Francis, 2014; Cole & Francis, 2014a, b; Lüscher, Gersh, Landmesser, & Ruschitzka, 2014; Smit, 2012)明确提出了身份认同。

4 鹿特丹伊拉斯姆斯大学研究诚信咨询委员会于2011年11月16日致大学执行董事会,简本,荷兰语。2021年11月23日从互联网检索,但现已无法检索到。

5 2022年7月7日从互联网上检索到的《科学》(https://www.science.org/content/article/no-tenuregerman-social-psychologist-accused-data-manipulation)和《Parool》(阿姆斯特丹地区的一份著名报纸,可惜非荷兰语读者只能阅读荷兰语)上的文章明确表明了身份(https://www.parool.nl/nieuws/weer-fouten-gevonden-in-publicatie-fraudeprofessor-uva~b3b4622b/?referrer=https%3A%2F%2Fwww. google.com%2F)。

6 有关其身份的全面曝光,请参见《莱顿大学马雷周刊》: https://www.mareonline.nl/en/news/psychologist-committed-fraud-in-15-articles-how-test-subjects-kept-disappearing/。

7 莱顿大学学术诚信委员会咨询意见,CWI-2019-01号案件,2019年11月11日致大学执行董事会(英文译文,27页)。从互联网检索,但2021年11月23日已无法检索。荷兰语版本于2021年11月23日从以下网址下载: https://www.universiteitleiden.nl/advies-cwi-2019-%2001-geanonimiseerd.pdf,第28页关于研究文化的推论。

8 2022年7月7日从互联网上获取: https://www.organisatiegids.universiteitleiden.nl/binaries/content/assets/ul2staff/organisatiegids/universitaire-commissies/cwi/cwi-20-02-advies-de_redfacted.pdf。

9 KNAW：荷兰皇家艺术与科学院；NFU：荷兰大学医学中心联合会；NWO：荷兰研究理事会；TO2-federatie：应用研究合作组织；Vereniging Hogescholen：荷兰应用科学大学协会；UNL（前身为VSNU）：荷兰大学协会。注：这些是我能找到的最佳译文。即使不完全正确，它们也正确地描述了这些组织的特点。

10 在凭记忆写完这一段之后，我与范·考尔夫斯霍滕（Van Kolfschoten, 1993, 第50—52页）进行了核对，并询问了汤姆·斯奈德斯，这带来了一些小的改动。

11 根据2009年荷兰国家报纸 *Algemeen Dagblad* 的报道；见：https://www.ad.nl/wetenschap/affaire-buikhuisen-voorbij-wat-leiden-betreft~af0747a9/。

12 https://www.tilburguniversity.edu/research/social-and-behavioral-sciences/science-committee.

13 *NRC Weekend, Wetenschap* (Science), page 9, Saturday 30 June and Sunday 1 July 2012.

第 4 章

调查数据的捏造和篡改

利韦特委员会于 2011 年 9 月 9 日星期五成立。这距离蒂尔堡大学向公众通报斯塔佩尔数据欺诈事件仅过去了两天。译自荷兰文,委员会的任务如下。

1. 审查哪些出版物是基于虚构的数据或虚构的科学研究,以及不端行为发生在哪个时期。

2. 分析促成这种违规行为的方法和研究文化,并提出预防措施建议。

2011 年 10 月 31 日,即不到两个月之后,利韦特委员会公布了他们的中期报告,标题为(译自荷兰语)《关于 D.A. Stapel 教授违反科学诚信行为的中期报告》(*Interim Report regarding the Breach of Scientific Integrity Committed by Prof. D.A. Stapel*, Levelt,2011)。中期报告讨论了委员会根据与受邀或主动提供信息的几十位同事的访谈得出的初步调查结果,这些同事在过去几年中曾作为亲密伙伴、合著者、博士生或管理人员与斯塔佩尔有过接触。委员会收集了斯塔佩尔在蒂尔堡大学期间(2007—2011年)发表的所有期刊文章。重要的是,委员会还邀请曾与斯塔佩尔共事的人员提供他们或斯塔佩尔用于分析和报告的数据集、使用的所有问卷、提出的假设以及斯塔佩尔与他们之间往来的电子邮件。斯塔佩尔提供了一份他在1994—2011年间发表的基于虚构数据的论文清单,其中包括他在阿姆斯特丹大学的博士论文,以及他在格罗宁根大学和蒂尔堡大学担任教授期间发表的论文。很快,他就不再配合了。中期报告还包括德伦斯委员会(阿姆斯特丹大学)和诺特委员会(格罗宁根大学)的初步结论。本章的部分内容以荷兰语版的中期报告为基础(据我所知暂时没有英文版),掌握荷兰语的读者可以在互联网上找到完整的报告。[1] 在此,我将重点介绍委员会的初步结论和建议。

委员会的部分调查结果

鉴于有两项任务,委员会的工作有三个目的:第一,委员会旨在说明欺诈的程度。他们得出结论,有几十篇文章使用了虚假数据或以其他方式篡改了结果,欺诈行为始于2004年或更早。委员会认为,需要进一步研究,以确定哪些文章有问题,哪些没有问题。有了完整的清单,期刊就可以撤回这些有污点的文章,并向读者发出红色警示信号，提醒他们不能相信文章的内容，应忽略。此外，共同作者也可以洗脱可能的疏忽或共谋指控。委员会得出结论，目前没有证据表明共同作者存在上述两类问题，斯塔佩尔的欺诈行为是个人行为，他成功地误导了合作者和博士生。

  第二，委员会研究了欺诈的性质。他们发现，斯塔佩尔通过两种方式操纵真实数据。第一种方式是他改变了真实数据中的数字分数，即所谓的篡改，目的是操纵统计分析的结果，使其更符合作者希望得到的结果。第二种方法是，他复制真实个体的数据记录来扩充真实数据集，使其在数据集中多次出现，暗示它们代表了不同个体的数据。这是篡改还是捏造？我认为是后者，因为他不是把观察到的分数改成其他方便自己使用的分数，而是创造新的数据记录。因为一个人只能提供一条数据记录，所以我认为副本是捏造的。斯塔佩尔还添加了捏造的数据，暗示这些数据来自真实受试者（而事实上这些受试者并不存在），并将这些捏造的数据添加到真实数据集中。这些做法的效果是扩大了样本量。更大的样本包含更多的信息，当零假设不成立时，可以更容易地拒绝它，从而支持另一个预设的备择假设，即使真正的效应很小，不值得关注（附录4.1）。斯塔佩尔经常编造完整的数据集；虽然研究报告称这些数据源自真实受访者的样本，但事实上没有任何真实受访者提供过一个分数，真实的样本也从未存在过。所有数据都是斯塔佩尔坐在办公桌后面编造出来的，是斯塔佩尔凭空想象出来的。我们稍后会看到，通过更改个人分数、复制数据记录或编造数据而制造出来的人造数据，在分析时往往会得出在对100%真实数据进行分析时极不可能或根本不可能出现的统计结果。

第三，委员会研究了像斯塔佩尔这样大而持久的欺诈行为，是在什么情况下得以猖獗而不被同事们察觉和制止的。委员会得出了几个相当令人痛心的结论，我只提及其中几个。大多数同事几乎不加批判地接受了斯塔佩尔作为一名杰出而有影响力的研究人员的地位，但委员会也注意到，蒂尔堡大学几乎没有为那些对欺诈行为提出质疑的同事提供有效支持的渠道。斯塔佩尔建立了一种工作环境，而他的同事关系也使他得以建立这种环境，在这种环境中，他对同事和博士生都有控制权。他不愿意接受批评，同时与爱管闲事的外人保持安全距离。在他指导下进行的实验成功率高得异常，统计结果也很奇怪，但这并没有引起其他科学家的注意，也没有引起顶级期刊审稿人和编辑的足够警惕。委员会向大学提出了一系列一般性建议，但由于其重点是蒂尔堡大学，因此这些建议首先针对的是这所大学。这些建议旨在最大限度地减少像斯塔佩尔这样违反科学诚信的行为，很快荷兰各大学就开始实施其中的若干建议以及其他衍生措施。第3章中讨论的科学委员会就是委员会没有建议但被认为可能有效的一项措施。

2012年11月28日，在提交中期报告仅13个月后，在三位举报人揭露斯塔佩尔欺诈行为仅15个多月后，由德伦斯、诺特和利韦特主持的三个委员会提交了《有缺陷的科学：社会心理学家迪德里克·斯塔佩尔的欺诈性研究行为》（*Flawed science: The fraudulent research practices of social psychologist Diederik Stapel*）的最终报告[2]（Levelt Committee，Noort Committee，Drenth Committee，2012）。他们在阿姆斯特丹荷兰皇家艺术与科学院举行新闻发布会，以强调这一事件的严重性。三所涉事大学的校长也坐在台上，面向观众，对各委员会表示感谢，并对这一几乎前所未有的违反诚信的行为表示担忧。当天晚上，全国电视台报道了这次新闻发布会，几位与此事有关的人士也在全国电视访谈节目中露面。[3] 报告强调，除了发现有污点的期刊论文和被误导的同事，特别是博士生之外，调查还揭示了有问题的研究行为似乎在斯塔佩尔和涉事大学之外也很普遍。他们尤其关注社会心理学领域，这引起了一些反响（如 Stroebe et al.，2012），但同时也提高了许多心理学领域之内和之外的人的意识，即有问题的研究行为是一个必须解决的现实问题。事实上，在报告发表前后，多位作者注意到了普遍存在的研究策略不当和数据分析不充分的问题，其目的大概是获得作者所追求的理想结果。一年前发表的中期报告已经透露了许多主要发现，而最终报告用更多细节证实、深化和丰富了这些发现，让人们更好地了解了数据欺诈的范围和影响。然而，最让许多同事感到震惊的是，斯塔佩尔利用最终报告公布的机会，在电视上宣布将通过一本名为《脱轨》（*Derailment*）的书公开解释他的欺诈活动。

除了所有的混乱之外，冷酷的事实是，三个委员会得出结论，在斯塔佩尔撰写或与人合作撰写的137篇期刊文章中，格罗宁根和蒂尔堡时期有55篇文章存在欺诈行为。在阿姆斯特丹和格罗宁根时期的另外12篇文章和两章著作中，委员会发现了欺诈迹象，但没有确凿证据。据推测，最早的一份问题出版物是1996年发表的，涉及斯塔佩尔的博士论文，比他身败名裂早了15年。委员会没有发现确凿证据的原因是，较早出版物的数据已经无法获得。在格罗宁根大学答辩的七篇博士论文使用了斯塔佩尔提供给学生的欺诈性数据集进行分析，而在蒂尔堡大学答辩的三篇博士论文中，利韦特委员会也得出了同样的结论。有一篇博士论文原定在斯塔佩尔身败名裂约一个月后进行答辩，但博士生撤回了论文，一直没有答辩。对博士生造成的伤害也许是整个事件中最令人震惊的部分，也使这一事件在同类事件中显得尤为突出。委员会没有调查斯塔佩尔在合编书籍中撰写的章节，但荷兰社会心理学研究人员协会（Associatie van Sociaal-Psychologische Onderzoekers，ASPO，负责协调荷兰社会心理学家的活动）调查了斯塔佩尔作为作者或合著者为ASPO年鉴撰写的57个章节（Van Dijk, Ouwerkerk, & Vliek, 2015）。尽管ASPO报告强调调查不如德伦斯、诺特和利韦特委员会彻底，但他们得出结论，有29份出版物不符合科学研究的通用标准。这使得问题出版物的总数接近100篇。

委员会发现，许多操作并不全是对现有数据的临时篡改或对非经验数据的捏造，而是在方法上玩弄花招，以取得人们无法通过其他途径取得的预期结果。这些花招包括重复一个没有产生预期结果的实验，但在新版实验中对设计、实验操作或问卷等材料进行了改动。当这些设计变更最终带来了理想的结果时，斯塔佩尔只报告了成功的实验，而没有报告最初的失败，从而掩盖了一系列的尝试，这些尝试合在一起，可能产生了一个纯属巧合而非真实的理想结果。这种做法，很容易步步将人引向错误的方向，即根据上一步不想要的结果确定下一步如何走，而不首先尝试重复该结果以确定它是真实的还是巧合的。这就是利用偶然性（capitalization on chance）的例子。这种"试错"策略充其量只能在研究人员试图掌控实验设计的前期阶段使用，但如果当作基于某种合理理论的经过深思熟虑的一次性实验加以发表，这种策略就构成了欺骗。防止利用偶然性的一种方法是严格地重复实验，不管最初的结果是否符合预期，不做其他任何修改，只是重新抽取受访者样本，看看会发生什么。这就是复现研究，在许多研究领域都很常见（Open Science Collaboration，2015）。由于同一实验的两个实例可能无法提供令人信服的真相证据，因此最好能够进行一系列的重复，这样趋势才会显现出来。我将在第5章再谈实验和复现研究。

其他欺诈性操作是将某些实验条件的结果剔除出去，这些实验条件的结果与其他条件的结果不一致，以使总结果看起来更好。例如，在一张完整的研究结果的图表中，某个序列条件的结果可能会出现下降，但如果去掉这个异常条件，图表就会显示出有规律的上升或下降趋势，这更容易解释，也表明结果更有力。报告平滑的趋势，就好像这是一开始就发现的，而隐藏偏离的条件同样属于欺骗。第三个花招是将一个实验中的实验条件下的结果，与另一个可比实验中的对照组——或基准组——结果进行比较，如果这样做能得出理想的结果的话。这样，我们就可以从不同来源选择数据，组成一个大杂烩并将其当作一个实验，再次得出预期结果。这是另一种欺骗行为，虽然它不同于数据篡改和捏造，但也属于学术不端行为，只不过现在是以方法造假为基础。与数据欺诈——篡改和捏造——更接近的做法是将来自不同实验的数据组合在一起，以产生更大的样本，排除或纳入受访者的数据，从而产生不同的预期结果（例如，第2章中的极端值示例），以及为了增强结果而剔除受访者子群体。利韦特等人（Levelt et al., 2012）讨论了这些及其他操纵手段，我建议感兴趣的读者查阅他们的报告。在阅读时，我们应该认识到，欺诈者的想象力决定了欺骗行为。

数据操纵对统计结果的影响

我现在回到数据和统计上来。不精通统计学的读者可能难以理解更改数值分数、重复真实数据和编造完整数据集的含义，以及为什么这些做法对那些试图不惜一切代价追求理想结果而非尊重真相的人有利。我提供了一些简单的例子来说明这一点，同时也讨论了其他技术问题。这些例子并不完全反映斯塔佩尔的所作所为，但说明了其中涉及的操纵类型及其对统计分析结论的影响。我从与其他统计学家的交谈中获得了许多这方面的知识，其中一些统计学家曾在各种欺诈案件中从事过侦查工作，我还利用了自己的思考和几十年来作为应用统计学家的经验。

零假设显著性检验

我用一个小例子来说明。如果读者需要更多有关统计零假设检验的解释，请参阅附录4.1。假设我研究12岁男孩和女孩在算术能力方面的差异，使用算术测验来测量算术能力。测试包括25道算术题，学生答对一道题得1分，答错一道题得0分。测试分数X的范围从0到25。我随机抽取了6个男生和6个女生；见表4.1（非粗体数字）。男生的平均测试分数为12.67分，女生的平均测试分数为11.33分，组间差异D=12.67－11.33=1.34。假设，我想知道D是否反映了真正的差异。

表4.1 包含男生和女生考试分数的人为数据矩阵

男生				女生			
序号	分数	序号	分数	序号	分数	序号	分数
1	12	4	14	1	11	4	11

续 表

男生				女生			
序号	分数	序号	分数	序号	分数	序号	分数
2	8/14	5	15/17	2	9	5	10/7
3	16/18	6	11	3	13	6	14/8

小样本会产生不确定的结果。如果抽取的不是 $X_3=16$ 的男孩3，而是 $X=7$ 的另一个男孩，那么男孩的平均分将为 11.17，比女孩的平均分低 0.17（四舍五入）。统计显著性检验（statistical significance test）（附录 4.1）可用于确定样本差异是否足够大，从而反映出较高概率上存在真实的差异。假设我认为 1.34 的差异是真实的差异，那么接下来的问题就是这个差异是小、中还是大。附录 4.1 中讨论了回答这个问题的效应值（effect size）。研究人员必须自行判断所得效应值对研究应用是否有意义。统计学可以提供帮助，但不承担责任。责任在于研究人员。

选择正确的统计检验方法取决于男生和女生的算术分数是否呈正态分布，以及两组的总体方差是否已知且相等。由于假设方差相等的独立样本 t 检验是众所周知且常用的方法，我选择使用该检验进行分析。在这个例子中，我是手工计算的。[4] 这可能会产生四舍五入误差（与表 4.2 比较）。表 4.1 中的数据得出 $t\approx 0.9423$。t 值是差值 D 的变形，之所以用 t 来代替 D，是因为它具有统计检验所需的已知分布，即抽样分布（附录 4.1）；因此，我考虑了 t 的抽样分布。图 4.1 显示了该抽样分布，其平均值 $t_0=0$ 对应男生和女生算术分数总体均值无差异的情况，我的计算结果 $t≈0.9423$ 位于该分布中。问题是，当"总体均值相等"的零假设为真时，某个发现是可能的还是不可能的。为了确定这一点，我定义了一个临界值，用 t_c 表示，如果 $t < t_c$（在预期差异为正的情况下），我就说这个结果符合 H_0，而如果 $t \geq t_c$，则认为在给定的 H_0 下这个结果是不可能的。这里的可能性被定义为一种概率，称为显著性水平，用 $α$ 表示，通常取 $α=0.05$。这就是图 4.1 中临界值 t_c 右侧曲线下的面积。

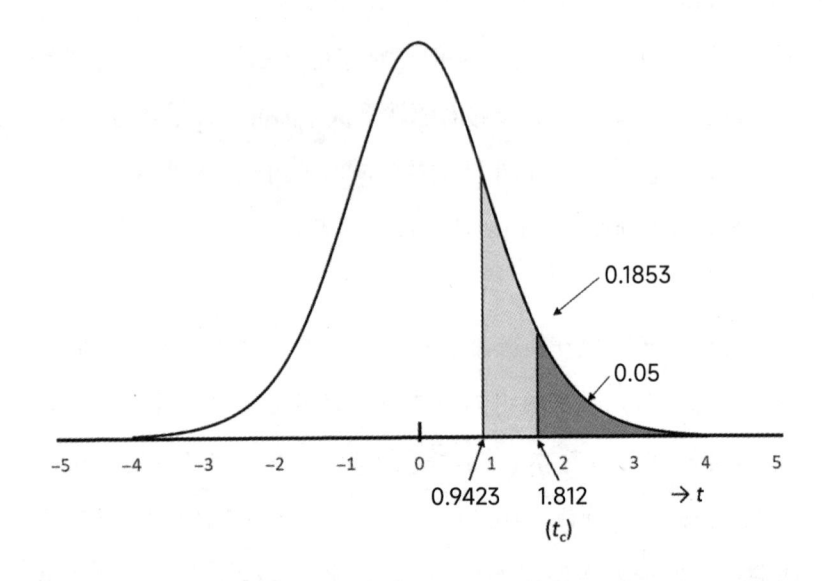

图 4.1 H_0 下的独立样本 t 统计量分布，临界 t 值 (t_c) 与显著性水平 $α=0.05$ 相对应，观察值 $t=0.9423$（数据见表 4.1）

对于显著性水平 $\alpha=0.05$ 和自由度为 10 的单侧 t 检验,[5] t 分布表显示临界值 $t_c=1.812$。由于 $t < t_c$,样本差 $D=1.34$ 不能拒绝零假设;发现结果等于或大于 D 的超越概率(the probability of exceedance)记作 p,$p=0.1853$,大于 $\alpha=0.05$。接下来正确的做法是,我报告没有证据表明在算术能力方面存在性别差异。用科学术语来说,我的报告是:假设总体方差相等,通过 10 自由度 (df=10) 的独立样本 t 检验 [$t(10)=0.94$, $p=0.19$],在显著性水平 $\alpha=0.05$ 的条件下,我无法拒绝 12 岁男孩和女孩这两个总体均值相等的零假设,以支持单侧备择假设。

更改和复制分数

首先,我改变了一些分数,以获得理想的结果。这是一个具有统计显著性的结果;$p < \alpha$,而示例中的情况并非如此。显著结果之所以更受欢迎,是因为研究人员更希望发现"有意义的关联"而非"无显著差异"。如果研究人员发现结果不显著,一个不恰当的做法是他把男生一栏中的几个分数换成了更高的分数;见表 4.1,粗体数字。这显然会将他们的小组平均分提高到 14.33。同样,在女生一栏中,他可能会用较低的分数代替一些分数,这显然会使该组的平均分降至 9.83。现在,$D=4.5$。对于这些"数据",我再次使用独立样本 t 检验,发现 $t\approx3.1260$,大于 $t_c=1.812$,拒绝零假设。这一差异具有统计显著性 [$t(10)=3.13$, $p=0.0054$]。

你会明白，只有当你使用通过真实的受试者收集到的数据，研究结果才是可信的。收集数据后为了制造一个理想的研究结果而改变数据，本质上就是骗局。也许有人会问，篡改数据并报告从未发生过的"成功"有什么乐趣？只有造假者自己知道，但这很可能与盛行的文化有关，在这种文化中，重大成果受到高度重视，并为成功铺平道路：在顶级期刊上发表文章、在同事中享有良好声誉、受邀在美丽的度假胜地举行的会议上发表演讲、获得研究和旅行经费、获得奖项、被笑脸相迎以及与有趣的人为伴。总之，是为了美好的生活，在这方面，科学家和其他人一样，都在追求他们认为的幸福，但有些人擅自走了捷径。

其次，通过复制受试者提供的数据，我扩大了原始数据集，从而使生成的数据集重复包含相同的数据。另一种方法是用来自不存在的受试者的虚假数据来扩充真实数据。在这两种情况下，向现有数据集添加更多数据行都会增加样本量，如图4.2显示的抽样分布变得越来越窄。随着真实数据集的扩大，估计真实差值△的样本差D会同步增大，如果样本增加，D最终会变得与零有显著差异，即$t \geq t_c$。真实数据会出现这种情况，但问题数据也能模拟这种结果。

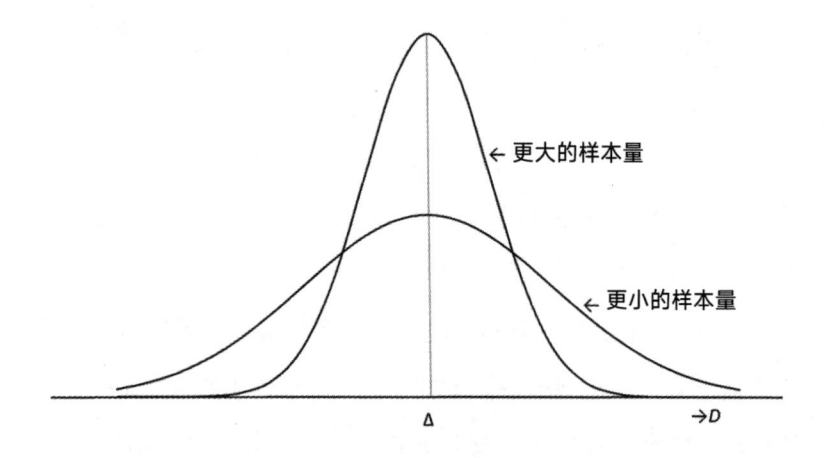

图 4.2　不同样本量的抽样分布

对于表 4.1 中的人造数据，我复制了测试分数以增加样本量。这产生了一个极不可能的数据集，其中的受试者出现了"数据双胞胎"或"数据多胞胎"，对统计检验的结果产生了异常影响。如果我复制一次数据集，并将其添加到现有数据集中，将样本量增加一倍，即 12 个男生和 12 个女生，然后再次进行检验，会发生什么情况呢？我希望得到一个显著的结果，所以如果复制一次的结果是显著的，我就停止并报告结果。但是，如果结果不显著，我就再复制一次，生成 18 个男孩和 18 个女孩的样本，然后再检验一次。我继续复制数据集并进行检验，直到得出显著的结果。

表 4.2 显示，随着复制的持续，p 值越来越小，当样本量等于 18 时，p 值小于显著性水平 $\alpha=0.05$。我们可以继续下去以得

到任何理想的结果，例如在 α=0.01 时拒绝零假设。原因在于，当我重复复制完整样本结果时，样本平均差 D=1.34 保持不变，但标准误差为 S_D 的抽样分布却变窄了。由于 $t=D/S_D$，t 值越来越大，直到 $t \geq t_c$（我跳过一些技术细节）。如果在原始样本中，男生和女生的平均考试分数不相同（$D \neq 0$）——毕竟，差异恰好为 0 的可能性极低——这种策略必然会产生显著结果，但扩大后的数据集会留下造假痕迹。也就是说，对于男生来说，6 种不同的分数中的每一种都精确地出现了 1、2、3、4、5 和 6 次，从而产生了一种极不寻常的分布；对于女生来说，有 4 种分数遵循了这种模式，而第 11 种分数则出现了 2、4、6、8、10 和 12 次。真实的算术能力分数呈（接近）钟形分布，看到这种不寻常的分布应引起高度警觉。

表 4.2　由 6 个原始样本的倍数组成的数据集的独立样本 t 值、自由度 (df) 和单侧 p 值（独立样本）

N	t	df	P	N	t	df	P
6	0.9376	10	0.1853	24	2.0110	46	0.0251
12	1.3907	22	0.0891	30	2.2581	58	0.0139
18	1.7289	34	0.0465	36	2.4807	70	0.0078

来源：使用 R 统计软件包进行计算。

真实数据中可能出现相同的数据行吗?

由于示例样本较小,因此很容易发现异常分布。但在实际情况中,数据捏造并不那么明显,因此有必要检查包含所有变量分数的数据,看看是否有相同的数据行,这比查看考试分数更深一层,就像我在这里所做的那样。也许研究人员只复制了几行数据,或者只复制了一个或几个变量的数据,而不是所有变量的数据。如果有人有一双训练有素的眼睛,并愿意进行探究工作,那么他很容易就能编写出识别相同数据行的软件代码。那么,一个重要的问题是,相同的数据片段在真实数据中是常见的,还是罕见到足以引起怀疑。我将仔细研究生成数据样本的 25 道算术题的得分模式。

每个假想的答题者都有一行由 25 个分数组成的数据行,1 代表正确答案,0 代表错误答案。不同模式的数量大得惊人,即 2^{25}=33,554,432;也就是说,超过了 3300 万种。对于许多读者来说,这个数字乍一看可能缺乏可信度。然而,要知道这一结果是正确的,就必须了解每道算术题都有两个(即 2^1=2)不同的分数,即 0 和 1;两道题合起来有四组(即 2^2=4)两个分数的模式,即(00)、(10)、(01)和(11);三道题有八组(2^3=8)三个分数的模式,即(000)、(100)、(010)、(110)、(001)、(101)、(011)和(111);以此类推。这样,每增加一个题目,模式的数量就会增加一倍。一个更直观的例子来自 COVID-19 危机。如果我们从1个感染者开始，每周感染者的数量翻一番，那么25周后，我们就有超过3300万的感染者，如果翻一番的时间更短，感染的传播速度就会更快。你会发现这个练习不仅仅是学术性的。

3,300万种数据模式中的每一种都有可能在真实数据中出现吗？答案是否定的，原因有二：首先，在男生和女生群体中，算术能力差异很大，25道算术题的难度也各不相同。我预计，一个能力较低的学生正确率较低，而且回答正确的问题主要是比较简单的问题。另一个水平中等的学生正确率较高，除了容易的问题外，还包括中等难度的问题，而一个水平较高的学生可能只在少数最难的问题上答错。因此，学生在较容易的问题上答错而在较难的问题上答对的得分模式将是罕见的。这意味着许多可能的得分模式都极为罕见。其次，许多得分模式仍然是现实的，它们的数量很容易超过样本量，从而使大多数得分模式不可能出现。例如，如果样本量为500，那么在数百万个得分模式中只能观察到500个。即使不能完全排除任何可能性，但由25个1和0组成的相同模式也不可能出现两次，更不用说更多次了。因此，在一个小样本中，如果有几行数据出现两次或更多次，就应该引起人们的关注。但问题数量较少的情况除外——记住，3个问题只有8种不同的模式，而当样本数量超过8个时，数据行必然出现相同的模式。

为了展示实际样本量和十个以上变量的情况下重复出现的数据模式，我模拟了25个难度不等的1/0分变量的数据，样本量

（N=50、100、500、1,000、5,000、10,000、20,000）并假设学生的算术能力服从标准正态分布。对于每个样本量，我都抽取了500个重复样本，以排除偶然偏差。附录4.2列出了技术细节。表4.3中显示了500个随机样本中具有q个重复数据行的平均比例。第一列显示的是q=0个重复数据行，即唯一数据行的结果。例如，对于N=50，在500个样本中平均有99.998%的数据行没有重复，即只出现一次。因此，重复数据行几乎从不出现。当样本量增加到1,000个时，更多的重复样本包含重复数据行，但一条数据行的重复数从未超过3个（q=3），即平均出现4次。然而，在样本量不超过1,000的情况下，重复数据行几乎不会出现。当样本量增加到20,000个时，重复数据行出现的频率会增加，但平均96%的数据行是唯一的（q=0）。结果在很大程度上取决于个人的分布和题目参数的选择，但可以肯定的是，在较小的样本中，重复数据行是极其罕见的，而在较大的样本中，当它们出现时，会成对或三个一组出现，但很少出现更高频率的重复数据行。

表4.3　有q个重复数据行的500个重复样本的平均模式比例

	有q个重复数据行					
N	0	1	2	3	4	5
50	0.99988	0.00012	0.00000	0	0	0
100	0.99964	0.00036	0.00000	0	0	0

续 表

	有 q 个重复数据行					
N	0	1	2	3	4	5
500	0.99830	0.00168	0.00002	0	0	0
1,000	0.99648	0.00340	0.00012	0	0	0
5,000	0.98620	0.01245	0.00099	0.00021	0.00008	0.00004
10,000	0.97592	0.02097	0.00221	0.00049	0.00019	0.00009
20,000	0.96000	0.03332	0.00462	0.00114	0.00041	0.00019

上一个例子考虑了25个问题，这在实际研究中并不算多，而下一个计算示例考虑的问题数量更少。假设我们有4个问题，正确回答简单问题的数据模式会比其他数据模式更常见。让前两个问题非常简单，答对概率等于0.9，因此答错概率为0.1，另外两个问题较难，答对概率为0.3，因此答错概率为0.7；表4.4给出了 $2^4=16$ 个数据模式的分布情况。题目编号为1、2、3、4，答对概率用 $P_1,\cdots,P_4$ 表示，答错概率用 $Q_1,\cdots,Q_4$ 表示；注意 $Q=1-P$。通过假设固定的回答概率，我假定这些概率对所有学生都是一样的；因此，我假定他们的算术能力是一样的。这在现实生活中是不太可能的，但却使示例简单明了，同时又不失对数据模式概率的洞察力。[6]

表4.4显示了以下信息：首先，即使在这种简化的情况下，几种数据模式出现的概率不同，而且相差很大。如果我们允许学

生在算术能力方面存在差异,那么答对和答错的概率在不同学生之间会有差异;现在,他们只在不同问题之间有差异。因此不同模式的概率会显示出比表4.4更复杂的情况。其次,在我们研究的假定情境中,数据模式6(两道简单题做对,两道难题做错)是最有可能出现的模式,概率为0.3969。模式11(两道简单题做错,两道难题做对)概率最小,为0.0009。你可能会注意到,模式6出现的概率是模式11的 $\frac{0.3969}{0.0009}$ =441倍,因此在一个大样本中,预计模式(1100)出现的次数为模式(0011)的441倍。

表 4.4 4 个问题的 16 种数据模式,其相对发生的计算公式 (Comput) 以及每种模式的概率 (Probab)

编号	模式	计算公式	概率	编号	模式	计算公式	概率
1.	0000	$Q_1 Q_2 Q_3 Q_4$	0.0049	9.	0110	$Q_1 P_2 P_3 Q_4$	0.0189
2.	1000	$P_1 Q_2 Q_3 Q_4$	0.0441	10.	0101	$Q_1 P_2 Q_3 P_4$	0.0189
3.	0100	$Q_1 P_2 Q_3 Q_4$	0.0441	11.	0011	$Q_1 Q_2 P_3 P_4$	0.0009
4.	0010	$Q_1 Q_2 P_3 Q_4$	0.0021	12.	1110	$P_1 P_2 P_3 Q_4$	0.1701
5.	0001	$Q_1 Q_2 Q_3 P_4$	0.0021	13.	1101	$P_1 P_2 Q_3 P_4$	0.1701
6.	1100	$P_1 P_2 Q_3 Q_4$	0.3969	14.	1011	$P_1 Q_2 P_3 P_4$	0.0081
7.	1010	$P_1 Q_2 P_3 Q_4$	0.0189	15.	0111	$Q_1 P_2 P_3 P_4$	0.0081
8.	1001	$P_1 Q_2 Q_3 P_4$	0.0189	16.	1111	$P_1 P_2 P_3 P_4$	0.0729

从这个例子可以看出,在少量问题中,某些得分模式出现的概率要比其他模式大得多。对于25个问题来说,可能的得分模

式的数量呈指数增长，因此，即使许多得分模式的概率实际上等于0，还有其他许多得分模式具有正的概率。实际研究中的得分模式遵循难以预测的分布，但随着变量数量的增加——甚至不用很大，例如就像25个问题——相同的模式出现两次或更多次的概率也极低。如果有人编造额外的得分模式，而没有深入了解这些模式是如何产生的，哪些模式在实际中会出现，哪些模式在真实数据中不太可能出现，那么数据集可能很快就会显示出可疑的得分模式频率。

你应该学到两点：首先，操纵数据很容易炮制出显著的结果。其次，操纵数据会产生一些得分模式，训练有素、细心的研究人员可能会发觉这些模式不太可能出现。到目前为止，我已经讨论了在真实数据集中改变单个分数和复制真实数据的整行。当伪装成真实数据时，更改的分数和复制的数据行都是为了产生与真实数据不一致的预期结果。伪造完整的数据行，甚至伪造完整的数据集，是一回事，因为它们对数据和统计分析的影响是一样的。在接下来的两节中，我将根据利韦特委员会在其中期报告中提出的第三种欺诈行为来讨论上述两种欺诈行为。

人类思维作为一种数据生成机制

高明的伪造者也许能伪造出看起来真实的数据，仅凭肉眼很难分辨真假。不精通统计学的人很难令人信服地伪造出乍看可信的数据，因为人们往往会在数字阵列中创造出与真实数据不同的模式。因此，他们会在不知不觉中淡化真实的社会、行为和健康数据中通常存在的混乱。在捏造的数据中，分布看起来很糟糕，模式出现的频率不正常，方差通常太小，相关性显得极低或极高。以下是人类思维无法正确捏造或篡改数据的四个原因。

概率。众所周知，人们很难理解概率（如：Campbell，1974，2002；Hand，2014）。我们习惯于从确定性的角度思考问题——一个事件要么发生，要么不发生，但概率将我们的确定性换成了不确定性，我们不喜欢这样。我们喜欢掌控一切，但在概率面前，我们似乎无法掌控一切。比如一个玩轮盘赌博的人，因为前三轮都是黑色，就把钱押在红色上，认为这会降低连续出现第四次黑色结果的概率。人们都是这么做的，但由于每次转动轮盘都是一个独立于之前的事件，所以你不妨整晚都把钱押在红色上，同时喝上一杯小酒。不管你做什么，都不重要。[7] 屈服于这些知识不仅会失去玩游戏的意义——即至少有一点掌控游戏的感觉——而且会违背我们对事件因果关系的信念。也就是说，我们相信我们可以影响事实上随机发生的事件，或者至少可以预测事件发生的时间，比如连续三次黑色会增加下次出现红色的概率。美国式轮盘上有两个零，你不能在上面下注，而有36个非零数字，18个黑色和18个红色，你可以在上面下注。特别需要了解的是，第一次下注获胜的概率——$\frac{18}{38} \approx 0.474$，或者连赢五次的概率——$\left(\frac{18}{38}\right)^5 \approx 0.024$，都是完全靠运气的事件。连续的独立下注间没有因果关系，你也无法控制。最大的挑战在于，如果一开始就赢了那么该如何收手，但由于很多人无法抵御因果关系和掌控的错觉，最终他们输的比赢的多。因此，赌场是可以生存的。

在撰写本文时，许多国家的人们对COVID-19疫苗可能产生的严重副作用表示担忧。欧洲药品管理局（European Medicines Agency）在其网站上[8]确认了25例已知血栓（血栓栓塞事件）病例，可能与英国和欧盟的2000万次疫苗接种有关。相应的相对频率为0.00000125，即百万分之一，但这种几乎为零的概率无法说服许多人接种这种疫苗。虽然知道如果不接种疫苗，他们感染COVID-19的概率要高得多，但因为有可能会导致血栓形成，所以并没有改变他们的想法。汉德（Hand，2014）在一篇文章中讨论了罕见事件，并展示了罕见事件的发生是如何误导人们的。严重的疫苗副作用是如此罕见的事件，但由于短时间内接种的人数数以百万计，副作用偶尔发生并不奇怪。我们会想到雷击，但由于雷暴不会像接种疫苗那样在如此短的时间内频繁发生，我们也就不会那么害怕。所有这些都表明，我们并不了解概率，而是基于不同的逻辑作出决定。

与收集真实数据不同，现在我们来制造数据。假设你从正态分布中抽取分数样本，那么你就必须知道控制抽样过程的概率（使用连续变量的累积概率），并使用这些概率。对于多元正态数据，你还必须考虑变量之间的相关性。由于构成不同，有些变量不是正态分布的。比如二元数据（如性别）和离散数据（如教育类型）。还有一些变量是偏态分布或有极端值，而分组的不同也会产生不规则的分布。如果考虑到所有这些情况，并接受在分布限制下抽样的随机性，那么人类几乎不可能生成看起来真实的数据。相反，你可以让计算机来帮你完成这项工作，但这也会限制可信度。我将在下一节再谈这个问题。

概率难以理解。假设检验也涉及显著性水平等概率，研究人员很难正确使用它们。我曾向一位研究人员解释说，零假设检验可以看作是一种碰运气的游戏，如果零假设为真，"成功"概率为 $\alpha=0.05$。她愕然地看着我说："你说什么？希望我们的研究不止于此！"谈话结束。

随机性。人的大脑在处理随机性时会遇到很大的困难。卡尼曼（Kahneman，2011，第 114—118 页）展示了在一家医院出生的不同父母的男婴和女婴的序列：男男男女女女、女女女女女女和男女男男女男，并讨论了人们对这些序列并非随机产生的直觉。当然，它们是随机产生的，因为准妈妈们进入医院时是相互独立的，一个孩子的出生与下一个孩子的出生无关。如果生男孩或生女孩的概率是 0.5，而不同的出生是独立的，那么每 6 个出生序列的概率是 $\left(\dfrac{1}{2}\right)^6 = \dfrac{1}{64}$。人们对孩子出生的体验不同于抛硬币，他们无法抗拒看到被认为与随机性不一致的模式。

对于完全随机的"冷"概率游戏，如掷骰子，人们仍然倾向于拒绝相信随机事件的模式。当我掷出一个纯骰子时，六面中每一面出现的概率都是 $\frac{1}{6}$，且每次结果独立。因此，六次投掷序列（666666）和（431365）的概率相等，都是 $\left(\frac{1}{6}\right)^6$，但第二个序列看起来比第一个序列"更随机"。事实上，第一个序列看起来"过于结构化"，让人觉得不可能是随机结果。第一个序列确实比第二个序列更为结构化，因为人们可以把它概括为"6个6"，而第二个序列则需要逐字描述，正如平克（Pinker，2021，第112—113页）所解释的那样，但这两个序列的起源相同，都是随机生成的。一般来说，当被要求根据某种概率机制生成一个数字序列时，人们会更快地得出类似第二个序列的结果。我们倾向于认为看起来结构化的模式不可能是概率机制的结果，因此（2225555）和（161616）等模式往往会被排除。

数字偏好。人们会不自觉地偏好使用某些数字而不是其他数字，这就是所谓的数字偏好。萨尔堡（Salsburg，2017）讨论了宗教材料中提到的人数中各数字（即0、1、2、……、9）所占比例过高和过低的问题，假设不同数字出现的概率相同，结果发现实际分布与这一预期存在明显偏差。他的结论是，我们不应该按照字面意思来理解数字，而应该结合数字产生的时代文化背景加以解读。然而，在现代社会科学研究中，这样的发现将表明可能存在数据欺诈。本福德定律（Benford，1938）预测，自然出现的数字序列，如由多个数字组成的人口数量——1,995,478 和 5,305,500——以数字"1"开头的概率约为 0.301，以数字"2"

开头的概率为"0.176",依此类推,直到以数字"9"开头的概率为 0.046。[9] 对于接下来的数字位置,第一位数字概率的单调递减趋势很快趋于平缓,这符合我们的直观预期。费斯特(Fewster,2009;数学基础见 Hill,1995)解释了这一令人难以置信的现象,并用几种真实数进行了验证。

在社会科学方面,迪克曼(Diekmann,2007)发现,从《美国社会学杂志》(*American Journal of Sociology*)中抽取的约 1000 个非标准化回归系数遵循典型的本福德分布,而在另一个样本中,他发现第二位数很好地遵循了概率的平缓下降。作者还要求学生编造支持给定假设的四位回归系数,结果发现第一位数字没有偏离本福德定律,但第二位和后面的数字却偏离了。因此,对数据造假的搜索应集中在第二位和后面几位;偏离本福德定律可能表明数据造假。必须指出的是,这类研究仍处于起步阶段,结论还不成熟。

阿泽维多、贡萨尔维斯、加瓦和斯皮诺拉(Azevedo,Gonçalves, Gava, and Spinola, 2021)使用本福德定律研究了社会福利项目中的欺诈行为,发现了一些证据,但德克特、米亚赫科夫和奥德舒克(Deckert, Myagkov, and Ordeshook, 2011)认为他们无法使用本福德定律描述选举欺诈行为。这些发现表明,本福德定律在不同研究领域的实证有效性还需进一步验证。阿尔·马尔祖基、埃文斯、马歇尔和罗伯茨(Al-Marzouki, Evans, Marshall, and Roberts, 2005)在未提及本福德定律的情况下,发现了据称是随机抽取的临床组之间存在不同程度的数字偏好的证据（此外还有无法解释的平均值和方差差异），并将其解释为数据捏造或篡改的证据。在出生体重（Edouard & Senthilselvan,1997）、血压（Nietert, Wessell, Feifer & Ornstein, 2006）和高血压（Thavarajah，White & Mansoor, 2003）以及乳腺肿瘤大小（Tsuruda, Hofvind, Akslen, Hoff & Veierød, 2020）的测量中，存在对数字0（有时也包括其他数字）的末位偏好，但没有提到对不当数据操纵的怀疑。

方差。人们往往会低估变量观测值的变异程度。萨尔堡（Salsburg, 2017，第108页）注意到"缺乏变异性往往是伪造数据的标志"。真实数据中的方差通常较大，极端观测值也会出现，但伪造数据中的方差较小。此外，西蒙索恩（Simonsohn,2013）注意到，在伪造数据中，研究人员倾向于在实验的不同条件之间制造较大的均值方差，但倾向于选择彼此接近的组内方差。也就是说，组内方差本身几乎不显示任何的离散性。西蒙索恩（Simonsohn, 2013）根据一篇涉嫌伪造数据的文章（Sanna,Chang, Miceli & Lundberg, 2011；已撤回）中报告的平均值和标准差，定义了最有利于报告结果的条件，并使用模拟数据证明其标准差极不可能出现。

在数理统计中讨论了分数分布的均值和方差的影响（如Seaman, Odell & Young, 1985），没有接受过统计培训的研究人员不太容易理解。一个简单而又广为人知的例子涉及0/1分值的变量，如前面讨论过的算术问题。有人声称自己的 0/1 数据的方差估计值为 0.75，这种说法是错误的，或者说没有说实话，因为这类数据的方差不可能大于 0.5，只有当均值等于 0.5 且 N=2 时方差才会等于 0.5。在总体中，均值表示为 μ，那么方差为 $\sigma^2=\mu(1-\mu)$。因此，均值决定方差，$\mu=0.3$ 和 $\sigma^2=0.15$ 的组合是不可能的。一个 0/1 变量服从伯努利分布，但其他变量和分布对均值和方差的影响则更为复杂。

伪造数据的特点通常是方差异常小，但方差过大也需引起注意。对于一个有 100 个得分（从 0 到 10）、均值为 5 的变量，研究人员报告的方差估计值为 25.25；其分布情况是怎样的呢？答案是一半分数等于 0，另一半分数等于 10，这是一种不太可能出现的分布，只在两端有极端分数。在这种情况下，方差不可能大于 25.25，略低于 25.25 的方差意味着多数分数接近 0 或 10，中间值极少。大多数现实中的分布都是单峰分布，大多数观测值都靠近均值，而分布于尾部的观测值较少。当样本较小时，除了峰值外，分布还可能出现一些尖峰，这主要是由抽样误差造成的。分布也可能呈偏态，这在很大程度上取决于变量的设计和总体的选择。例如，在低收入社区，教育水平可能严重右偏（很少有人受过高等教育），而简单的算术测验的分数分布可能左偏（很少有低分学生）。出乎意料的分布以及出乎意料的均值和方差都需要进一步检查。

最后一个例子是，有人报告说一个正态分布变量 60% 的分数

位于平均值的 -1.96σ 和 1.96σ 之间。这个人是在犯错误或没有说实话；正确答案是 95%。也许分布不是精确的正态分布。原则上，任何分布都是可能的，每个分布都有一个均值和一个标准差，但反之则不成立。也就是说，分布的均值 μ 和标准差 σ 限制了分数分布的形状；参见上文 0/1 变量的例子。切比雪夫不等式[10]告诉我们，对于已知均值 μ 和标准差 σ 的任何分布，至少 75% 的分数必然介于 -2σ 和 2σ 之间（而不是使用正态分布的典型值 1.96）。如果有人声称 60% 的分数在此区间内，那么他就犯了错误或者没有说实话。

前面的讨论揭示了伪造数据和伪造结果之间有趣的区别。例如，结果是应用统计方法——如显著性检验或产生回归模型的回归分析——得出的数据结论。伪造的数据集具有均值和方差，可能还具有与数据一致的其他特征；也就是说，不是结果是伪造的，而是数据是伪造的，当然，这并不会使结果变得有用。伪造的结果不是基于数据（不管数据是伪造的还是真实的），当它们结合在一起显得不寻常或甚至似乎不可能时，有时就能被识别出来。这种识别需要查看数据，并强调有必要将数据公布在易于访问的存储库中。

有兴趣检查或揭露数据篡改或捏造的研究人员，不仅要关注这些特征和其他特征，还要审视检验统计量、自由度、超越概率和效应量等是否矛盾。比如，与研究领域中的常规水平相比，效应值可能异常大。事实证明，这种检查工作相当困难，除非欺诈行为极其明显且证据确凿,让人无法忽视。我并不是主张放弃追查——作为一名统计学家,我完全支持进一步发展检查统计违规行为的方法——但从法律的角度来看,没有什么比被控欺诈者的供认更有说服力了。在蒂尔堡大学,我们感到特别幸运的是,面对三位举报人的指控,斯塔佩尔承认了欺诈行为,甚至还配合指认了最初的一批有问题的文章——直到他后来不再配合。许多欺诈案之所以久拖不决,就是因为很难找到统计证据,而且被指控的欺诈者也不配合;当然,不牵连自己是每个人的权利。

统计模型作为一种数据生成机制

正如许多心理学家所指出的那样,人类的大脑是一台臭名昭著的信息处理机器(例如,Arkes,2008;Grove & Meehl,1996;Kahneman,2011;Kahneman & Tversky,1982;Meehl,1954;Tversky & Kahneman,1971,1973,1974;Wiggins,1973)。生成一个可信的数据集对人类思维来说是一项极其艰巨的任务。尽管如此,还是有人试图这么做并认为自己可以蒙混过关,这就更令人吃惊了。不相信自己有能力"手工"伪造数据的欺诈者可能会求助于数据模拟,就像我在本书中所做的那样。不过,这需要一定的统计学知识和理解能力,从我所知道的数据欺诈案例来看,这并非易事。我从未听说过有人真的通过使用统计模型进行数据模拟来实施欺诈,我也不建议这样做。统计学家在研究统计检验和分布的性质时会使用模拟数据,涉及的数学过于复杂了,以至于严格的数学推导或证明变得困难。当他们比较为相同目的而设计的不同统计方法,以找出哪种方法最好时,也会使用模拟数据。

数据模拟使用特定的统计模型和变量分布;在附录4.2中,我使用了一个回应概率模型,并假定熟练程度遵循标准正态分布。这样,我就可以控制总体分布、抽样模型,以及一种概率机制根据受试者和问题的特征产生问题答案的方式。我还可以加入违反预设的情况(尽管在这里无关紧要),以研究这些情况如何影响统计检验,但与欺诈者的关键区别在于,统计学家会报告这样做的情况,并解释方法和目的。对于统计学家来说,模拟数据是一种很好的策略,可以了解统计方法是如何在他们可以控制的环境中运行的,从而了解统计方法如何处理总体和样本数据特征。然而,把模拟数据当作真实数据,用于研究真实现象(如疫情期间人们违反公共规定的动机,或人体对新冠疫苗的生理反应),就完全背离了科学本质,所得结果也毫无价值。

暂且抛开道德规范不谈,你可以使用这一策略来捏造数据,并假装这些数据是真实的。就像统计学家通过控制条件评估统计量的性能一样,研究人员现在也控制着统计检验的预期功效(附录4.1)和效应值。然而,正如手工伪造的数据可能会产生好得令人难以置信的结果一样,将模拟数据伪装成真实数据也会出现同样的问题。手工数据往往包含一些不可能的特征,反映出研究人员无法模仿真实数据生成机制，而模型模拟的数据则过于平滑，无法冒充真实数据。我用来模拟学生解决算术问题的典型数据的模型，是对真实过程的理想化假设，它假定正确答案取决于学生的能力和两个问题特征，即问题区分低水平和高水平学生的能力，以及题目的难度等级。社会、行为和健康方面的研究人员利用这些模型来总结重要的真实数据特征，并帮助确定这组问题的正确答案数量是否能反映成绩高低。任何了解什么是模型并使用过模型进行数据分析的人都知道，模型从来都不能完美地描述数据；从设计上讲，模型是为了简化，仅提取关键特征，同时不可避免地丢失数据中的细节信息。这正是优秀模型的价值：聚焦重要特征，忽略次要信息，尽可能逼近数据真相。

真实数据比模型所显示的要杂乱得多，除了信号（其中许多是意料之外和难以理解的）之外，真实数据还包含许多噪声。简言之，真实数据很可能包含与研究人员的假设有关的信息，但这些信息往往没有人们希望的那么明显，而且数据中的许多变化对研究人员来说仍然是个谜。第5章的主题是，这种杂乱状态如何催生带有不确定性的探索性研究。如果研究人员报告除了抽样波动以外，模型与数据完全拟合，至少应该预期同行会持专业保留态度，并引发批判性讨论，例如，鼓励其他研究人员重新分析数据。这意味着数据必须提供给对重新分析感兴趣的其他研究人员，而这种情况在大部分科学共同体中仍未形成共识（第7章）。辩论和数据再分析可能会得出这样的结论：这项研究是合理的，但鉴于模型相对于数据现实的抽象性，人们可能会对这项研究提出一些批评。

我想说的是，任何人如果打算模拟统计模型中的数据，并把这些数据当作真实数据来展示研究结果，最终都会败露。即使明知不能将模拟数据当作真实数据直接使用，人们可能还是会用无法解释的信号和随机噪声来扩展模型。然而，让模型变得更加复杂并不能使其摆脱模拟数据中的某些平滑特征。此外，由于必须设计额外的模型特征，模拟数据可能会暴露出手工数据的人工痕迹。真实数据特征的意外性和难以理解性是人类思维难以模仿的。然而，我不知道是否已经存在利用统计模型生成数据却未被察觉的案例，这或许是欺诈者和科学共同体之间"军备竞赛"的下一阶段。我们必须预料到数据是嘈杂的，充满了难以理解的信号，并对完全拟合的模型持合理的怀疑态度，至少需要进行第二次检查。在斯塔佩尔事件中，我的一位博士生失望地走进我的办公室，解释说他的数据分析结果看起来很混乱，与预期不符。我试图安慰他说，至少我们可以确定他的数据是真实的。幸运的是，他听懂了这个玩笑。

结束语

如果同事们善于发现，就更有可能识别出捏造或篡改的数据（或结果），但通常情况下并非如此，欺诈行为往往未被察觉。可免费获取的软件程序 statcheck[11]（Epskamp & Nuijten，2016）可扫描文章等文档，查找与其他报告的统计结果不一致的 p 值，并标记此类不一致。该程序是发现可能的数据欺诈迹象的重要工具，但不一致也可能是（无意的）有问题的研究行为和意外造成的（第 2 章）。努伊滕、哈特格林克、范·阿森、艾普斯坎普和维切特（Nuijten, Hartgerink, Van Assen, Epskamp, and Wicherts，2016）发现，文献中关于 P 值不一致的报告存在系统性偏差，与研究人员的预期不符的 P 值往往被选择性忽略。希望避免自己研究出错的研究人员也可以使用该程序来纠正报告错误，保护自己免受有问题的研究行为的影响。

我有两点不同的看法：首先，数据欺诈查证者如果要追究问题，就必须像从事科学研究一样，在方法论上保持严谨。鉴于数据是杂乱无章的，即使一切正常，研究数据集的不规则性也几乎必然会得出某些发现。如果发现的可疑之处并非欺诈，那就是假阳性。探索，这是下一章的两个主题之一，潜伏在每项研究中，查证工作也不例外。数据造假查证者必须时刻意识到，当其他合理解释也成立时，仍将数据中的某些现象严肃归咎于欺诈是有风险的。一些作者（如 Klaassen，2018）认为，在科学领域，主导原则必须是存疑时优先捍卫科学（in dubio pro scientia）——当有疑问时，作出有利于科学的决定——这意味着，即使并非铁证如山，受到质疑的已发表文章也应撤稿。这种观点的另一面是，它给数据造假查证者带来了巨大的压力。他不仅要说服被告——被告显然有其他利益，还要说服那些可能对所提供的证据不以为然的同事。此外，撤回文章不仅会引起同事的负面关注，有时还会引起媒体的关注，而且还会损害研究人员的声誉。因此，证据必须无懈可击。

其次，当同事没有发现可能存在的数据捏造或篡改时，并不意味着他们对同事的所作所为漠不关心。在我看来，这种表面上的漠不关心反映出人们的行为和思维是建立在信任的基础上的。他们简单而默契地认为，其他人可以被信任去做正确的事情，即使他们并非始终完美无瑕。人无完人，当饮水机旁有传言说某个值得信任的同事可能犯错时，人们也会反省自己。提出一项可能引发反效果的指控，需要时间、经验、独立的立场、一定的声誉以及勇气。如果把对他人的不信任作为一种基本态度，而不是一种建设性的批判和探究态度，那么就可能很难在科学环境中正常开展工作，更不用说日常生活了。不过，引入研究政策，要求每个人都以透明的方式开展研究，可能更有效，同时还能保持融洽的工作氛围。我已经提到过，将公开数据作为一项制度性政策，并在研究团队中加入统计人员，让他们从事比大多数研究人员更擅长的工作。预防似乎比事后收拾残局更有效。

启　示

人的大脑很难理解概率、随机性、数字偏好和方差。这些局限使得可信的数据捏造和篡改变得更加复杂。

统计模型可用于生成样本数据,但这些数据往往过于平滑而不真实。识别人造数据非常困难,这就要求研究的各个方面都要最大限度地透明。

捏造或篡改的数据具有与真实数据不同的特征,训练有素的研究人员往往可以识别出来,而不需要法律上的欺诈证据。欺诈者的供词比统计上的欺诈证据更有价值。

附录4.1:统计检验、功效和效应值

在本附录中,我将讨论有关零假设检验的统计概念。我使用了本章讨论的比较男孩和女孩的算术例子以及独立样本t分布。阅读本附录时最好结合本章讨论的例子。

统计检验的原理如下。考虑男生和女生的总体。总体均值 μ_{BX}(μ:希腊文小写字母 mu)表示男生的平均算术分数,μ_{GX} 表示女生的平均算术分数。关注的是差值 $\triangle =\mu_{BX}-\mu_{GX}$($\triangle$:希腊文大写字母德尔塔)。首先,考虑男生和女生没有差异的情况。代表这种情况的零假设 H_0 是:

$H_0: \triangle = \mu_{BX} - \mu_{GX} = 0$

其次,为了简单起见,我将讨论单侧检验而不是双侧检验。我假

设研究人员想知道男生的平均算术分数是否高于女生；那么备择假设 H_A 是：

$$H_A: \triangle = \mu_{BX} - \mu_{GX} > 0$$

零假设是显著性检验的基准。假设零假设是真的，作为一个思想实验，我重复抽取随机样本，其中包含 6 个男孩和 6 个女孩。对于同一性别组，样本之间存在随机差异，即抽样波动。对于每对样本，我都计算其均值——$\overline{X}_B$ 和 $\overline{X}_G$，以及它们的差值 $D = \overline{X}_B - \overline{X}_G$。因为不同样本的均值不同，所以它们的差值 D 也不同。在零假设下，D 的均值 $\triangle = 0$。图 4.2（正文）显示了 D 的两种抽样分布，样本量小时，D 的抽样分布较宽，这反映出样本量小时，对总体差异 $\triangle$ 的估计确定性较低。较大的样本会产生较窄的抽样分布，因此对总体差异 $\triangle$ 的估计确定性较高。

接下来，假设备择假设为真；重复抽样得到均值 $\triangle > 0$ 的抽样分布。对于固定的样本量，图 4.3 提供了无差异的零假设（左）和正差异的备择假设（右）的抽样分布。零假设统计检验的逻辑是评估数据是否提供了拒绝零假设、支持备择假设的证据。这是如何进行的？

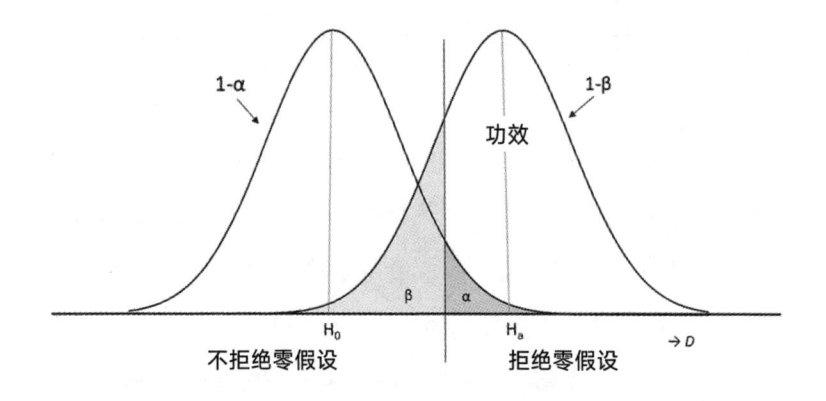

图 4.3 零假设和备择假设下的抽样分布

在这个例子中，我发现男生的平均算术分数比女生的平均算术分数高 1.34 分（表 4.1，正文）。我讨论了统计检验的显著性水平 α（在研究中通常为 $\alpha=0.05$）、检验统计量的相应临界值 t_c（如果是独立样本 t 检验）和超越概率 p。图 4.1（正文）显示了这些量。显著性水平 α 是统计量 t 的零分布在临界值 t_c 右侧的面积，因此这里是发现值 t 大于 t_c 的概率，即位于临界区域 $t \geq t_c$。当研究人员选择 $\alpha=0.05$ 时，在零假设成立的情况下，他有 5% 的概率发现结果大于临界值。如果 $t \geq t_c$，则拒绝零假设。由于这可能是一个不正确的结论，因此概率 α 也被称为 I 类错误概率。更谨慎的研究人员会选择更严格的显著性水平，如 $\alpha=0.01$、$\alpha=0.005$ 或 $\alpha=0.001$，但有时也会有人选择更宽松的 $\alpha=0.10$。

本章展示了一个难以理解的结果，任何固定非零样本统计量

（如D），只要样本量足够大，其与零的差异最终将达到统计显著。研究人员有时会对显著的结果感到满意，但问题是这种效应是否具有实际意义。例如，对于一个从0到25的量表，某项算术测验的差异为1.34，这对于判断12岁的男孩和女孩的能力而言，效应是小、中还是大？效应值用于确定某一特定效应为小、中或大，或使用其他定性描述的指标来确定大小。

图4.3显示了显著性水平 α 和另外三种概率。其中，α 是在零假设下t值落入临界区域的概率，$1-\alpha$ 是结果与零假设一致的概率。如果备择假设 H_a 为真，则t的抽样分布还涉及另外两个概率。β 是 $t \leq t_c$ 的概率，表示不拒绝 H_0，H_0 不成立；即不拒绝错误的 H_0，称为II类错误概率。$1-\beta$ 是正确拒绝 H_0 而支持 H_a 的概率；这就是统计检验的**功效**。检验功效极为重要。根据研究人员希望有足够把握确定的最小效应，研究人员会确定相应的样本量，这是拒绝零假设、支持备择假设所需的最小样本量。具体操作如下。

首先，如果备择假设为真，由于功效较大，对于给定的差值 $\triangle$ 和相应的差值 $t_\triangle$，较大的样本更容易拒绝零假设。其次，研究人员选择备择假设下一个 $\triangle$ 的值，如 $\triangle=3$，并指定所需的检验功效值 $1-\beta$，例如，当零假设（$\triangle=0$）下 $\alpha=0.05$ 时，希望识别出该 $\triangle$ 值的概率为 $1-\beta$。我们假设他选择 $1-\beta=0.7$；也就是说，当真实差异 $\triangle=3$ 时拒绝零假设的概率等于0.7。逻辑是："当我设定 $\alpha=0.05$ 时，我希望能够以 $1-\beta=0.7$ 的概率找到至少△=3 的真实差异。要做到这一点，我需要的最小样本量是多少？"通过一种我不在此讨论的逆向推理，我们可以计算出所需的最小样本量。

最后要说的是，有多种方法可以评估研究结果的意义。贝叶斯统计法提供了另一种思路（第 7 章），但更简单的方法是估计结果的标准化效应值（Cohen，1960；1988，第 20 页）。在我们的例子中，效应值是在数据中发现的 D 值，根据观察到的男孩和女孩组的算术分数的分布范围进行校正，只有当 D 值显著时才会报告。假设对于比我在示例中所用样本更大的样本，D=1.34 在 α=0.05 时将是显著的。除了知道差值不为零之外，差值的大小意味着什么？假设在两个较大的男生和女生样本中，算术分数分布在 0 到 25 的整个量表中；见图 4.4 上半部分，为方便起见，分数分布显示为连续的，因此忽略了算术分数只有离散值。因此，1.34 的平均值差异相对较小。然而，当组别内的算术分数分布更为集中时，如图 4.4 下半部分所示，1.34 的差异相对较大。差异是否重要取决于实际应用场景，如政策制定者对差异的使用需求。效应值是根据样本差异的标准差修正后的差异，$d=\dfrac{D}{S}$；符号 S 表示标准差。我省略了进一步的计算细节。

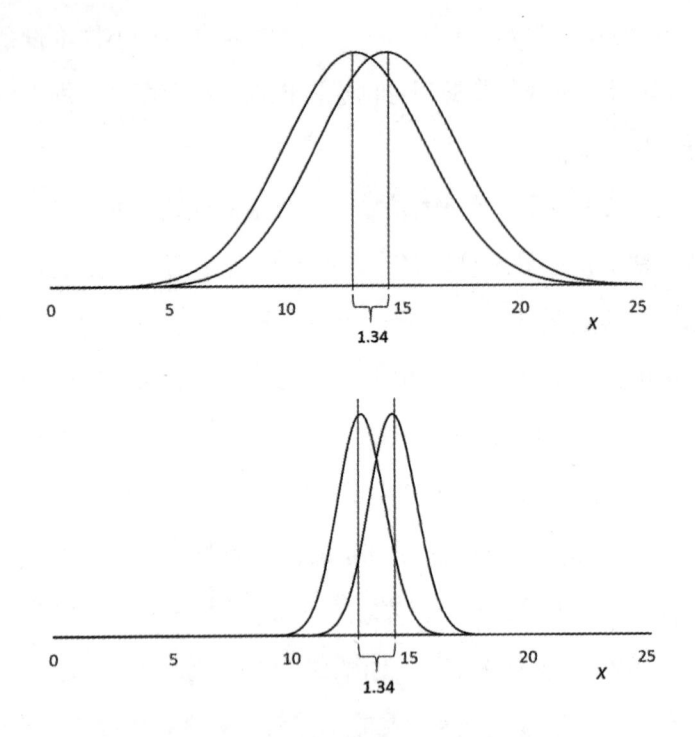

图 4.4　两个宽且大部分重叠的分布（上半部分）和两个窄而更分散的分布（下半部分），两者的均值差均为 1.34

附录 4.2：模拟数据

对于这个模拟数据集，我假定测试中有 25 个问题，标记为 j=1, ……, 25。问题在区分低水平学生和高水平学生的能力上存在差异（区分度系数 α_j；下标 j 表示系数值取决于题目），难度也各不相同（难度系数 δ_j）。系数 θ（希腊文小写字母西塔）表示学生的算术水平，遵循标准正态分布 N（0,1）。以下统计模型

（如 Hambleton, Swaminathan, & Rogers, 1991; Sijtsma & Van der Ark, 2021）定义了能力为 θ_i 的学生 i 对问题 j 作出正确回答的概率，表示为 $X_{ij}=1$：

$$P(X_{ij}=1) = \frac{\exp[\alpha_j(\theta_i - \delta_j)]}{1+\exp[\alpha_j(\theta_i - \delta_j)]}$$

例如，设 $\theta_i=1$，$\alpha_j=1.5$，$\delta_j=-1$；也就是说，在标准正态分布下，学生 i 的能力比总体平均值高一个标准差，这意味着他的百分比得分是 84（即 84% 的学生得分比这个学生低），该题目能很好地区分较低和较高水平的学生，而且相当容易。然后，将这些数字代入公式，得出：

$$P(X_{ij}=1) = \frac{\exp[1.5(1+1)]}{1+\exp[1.5(1+1)]} \approx 0.95$$

这意味着该学生在这个题目上答对的概率很高。对于难度更大的题目，例如，当难度与学生能力相匹配时（即 $\delta_j=\theta_i=1$），我们会发现 $P(X_{ij}=1)=0.5$。读者可以检验一下，难度大于 1 的题目答对概率小于 0.5。从区间 [0，1] 中以等概率随机抽取数字，并将其与相关概率进行比较，可将后者转换为 1/0 分数。例如，如果回答概率为 0.8，则从 [0，1] 中随机抽取的数字有 0.8 的概率落在 0 至 0.8 之间，得到问题分数 1；反之，分数等于 0 的概率为 0.2。

在这个例子中,我从标准正态分布中随机抽取了学生能力系数为 θ 的样本。表 4.5 显示了区分度和难度系数。

表 4.5 25 道算术题的判别和定位系数

题目	区分度	难度系数	题目	区分度	难度系数
1	1.0074782	0.826587656	14	1.0959253	0.741778038
2	0.8067685	1.353150661	15	0.8580500	0.002012919
3	0.9269077	- 1.041643475	16	0.9288094	- 0.898064550
4	1.1931021	1.083086133	17	0.5519033	- 1.084384221
5	0.5851360	- 0.576409022	18	0.7641777	- 1.942264376
6	0.7254366	0.142388151	19	0.8987907	0.915858250
7	0.7745305	- 1.627647482	20	1.3361341	- 1.000478113
8	0.7723051	- 1.320787834	21	1.3647212	- 1.355266893
9	1.1158293	1.599329803	22	1.1153524	- 1.931829399
10	0.9296715	- 0.309449572	23	1.2751099	- 0.055598619
11	1.1516557	0.990985871	24	0.8555687	- 1.588399312
12	1.0677378	1.290610320	25	0.9058500	1.206188018
13	0.6135090	1.818614585			

第 4 章　调查数据的捏造和篡改

注　释

1 https://ktwop.files.wordpress.com/2011/10/stapel-interim-rapport.pdf.

2 https://www.rug.nl/about-ug/latest-news/news/archief2012/nieuwsberichten/stapel-eindrapport-eng.pdf.

3 https://www.bnnvara.nl/dewerelddraaitdoor/videos/226619；对格罗宁根大学诺特委员会主席埃德·诺特的访谈，荷兰语。

4 男生方差X的无偏估计值为8.6667，女生为3.4667。合并方差为6.0667。根据合并方差，男生和女生的样本均值方差均为1.0111。样本均值差的方差为2.0222，标准误差为S_D=1.4221。t值为t=D/S_D=1.34/1.4221=0.9423。

5 在计算独立样本t检验等检验统计量时，重要的是可以自由变化的数据点的最大数量，因此，在已知其他数据点时，这些数据点并不是固定不变的。例如，在使用某个变量的6个抽样分数的平均值的检验统计中，如果知道这个平均值和6个分数中的5个，就可以确定第6个分数。自由度为5，而样本量为6。

6 我假定，在计算某一特定模式的概率时，我可以将答对概率和答错概率相乘，从而忽略了尝试解答一个问题会对解答后续问题的概率产生影响的可能性。因此，我假定每个问题都是独立存在的，在解答新问题时，不会从以前的答题中受益。在许多统计模型中，这是一个常见的预设，称为条件独立性，可以避免模型变得过于复杂。

7 在美国轮盘赌中，有2个零（不允许下注；赌场的保险政策）和36个非零数字，18个黑色和18个红色。如果你一直押红色，你赢的概率是18/38，输的概率是20/38，如果你一直下注黑色，概率也是一样的。你的每一美元的预期收益是 E(\$) = $\frac{38}{18}$ × 1 + $\frac{20}{38}$ × (-1) = -$\frac{2}{38}$ ≈ \$—0.0526。如果你随机下注，红色和黑色出现的概率是一样的，都是18/38，无论哪种情况输的概率都是20/38；因此，没有什么变化。

8 于2021年4月19日从https://www.ema.europa.eu/en/news/covid-19-vaccine-astrazeneca-benefits-still-outweigh-risks-despite-possible-link-rare-blood-clots 下载。

9 第一个数字的等式如下。设$P(d_1)$是d_1的概率，$d_1=1,2,\cdots\cdots,9$，忽略前面的零，设$\log_{10}X$表示以10为底的X的对数，那么给出期望概率 $P(d_1) = \log_{10}\left(1+\dfrac{1}{d_1}\right)$。

10 切比雪夫不等式（Freund，1973，1993，第217—219页），根据 $P=(-k\sigma \leq X-\mu \leq k\sigma) \geq 1-\dfrac{1}{k^2}$，为随机变量$\mu$介于$-k\sigma$和$k\sigma$之间的分数比例设定了一个下限。对于平均值上下两个标准差，会发现观测值介于这两个边界之间的比例至少是$1-\dfrac{1}{2^2}=0.75$。

11 可从https://mbnuijten.com/statcheck/下载。

第 5 章

确证和探索

迄今为止，确证性研究和探索性研究之间的区别已在某些领域有所体现，这对于理解一些有问题的研究行为至关重要。这也是理论驱动型研究与数据驱动型研究之间的区别，是检验现有理论与从数据中寻找有趣特征之间的区别，是按计划开展研究与没有太多计划、让数据"自行说话"之间的区别。第 2 章中的多元回归例子说明了探索性研究的特点。在本章中，我将论证理论驱动型研究是两种策略中更优越的一种，而数据驱动型研究在产生新理论或修正现有理论时才是有用的。基于探索性研究的出版物如果被当作确证性研究，就会给人留下作者对自己研究结果的确定性超过了实际情况的印象。在本章中，我将告诫大家不要把未经计划的研究说成是研究人员计划好的研究，并解释混淆研究类型的风险。

因为确证性研究目标明确，有助于构建新的理论或对现有理论产生新的认识，同行大都承认确证性研究的价值更大。其缺点

第 5 章 确证和探索

在于"孤注一掷"带来的脆弱性。输了——比如,没有得到预期的结果——乍一看意味着两手空空,但好处是可以了解自己的理论是否正确,如果不正确,应该如何修正,并接受下一次检验。这种相当严酷、非黑即白的情况,需要小步前进,偶尔还会出现倒退,因此需要耐心和韧性,对许多研究人员来说并不具有吸引力。在社会科学、行为科学和健康科学领域尤其如此,这些领域的理论通常在确证检验中无法通过验证。此外,研究人员很难,甚至不可能控制的混杂因素会混淆数据,因而理论检验即使能够成功,也是一项艰巨的事情。因此,我们完全可以理解,许多研究人员对确证性研究望而却步,他们更愿意选择能够提供多种自由度的探索性研究,即在数据分析过程中而不是在数据分析之前决定如何推进研究。这正是危险的潜伏之处,即使是在明确以假设检验为目标的确证性实验研究中,研究人员也很难接受意料之外的、通常是令人失望的结果,有时他们会在数据分析过程中改变方向,重新回到探索性研究,而不是从头再来。

如果研究报告能对理论、假设、研究设计和数据分析进行准确描述,那么所有这一切都不会有问题,至少不会有太大的问题。这样,初稿的审稿人就能对研究的方法和统计质量提出意见,并挑出那些试图把粉笔当奶酪卖的研究报告。通常没有这种详细记录的原因是研究人员没有保存这些记录,或者是期刊不喜欢发表研究人员在得出结果之前所做的详细记录。本章的重点在于,如果读者没有认识到研究的探索性本质,就会对结果过于当真，而其中许多结果在复现时都会失败。这让他们在自己的研究中走入误区，不知道研究失败的可能性很大，从而浪费了宝贵的时间和金钱。相对于艰难的证实和证伪世界，我更喜欢较灵活的探索性研究策略，除此之外，我还将谈谈学术政策带来的问题，这些政策奖励那些呈现具有积极意义的成果的研究人员。

在开始之前，我预计可能会有批评者认为我反对探索性研究；但我并不反对。研究人员在研究中经常会遇到他们意想不到的有趣结果，这些结果非常有吸引力，不容忽视。我的立场很简单，即研究人员应顺着未曾预料到的有趣结果继续研究，并将其报告为事后分析或探索性研究，最好能提出采用确证性研究设计对结果进行后续研究的方法。

确证和探索比作捕鱼

探索性研究在未披露数据收集和发表之间做出的所有决策的情况下被当作确证性研究呈现时，所引发的问题就相当棘手。如何开始理解这个问题呢？让我们来看一个我希望能说明问题的比喻。我使用了"捕鱼"这个比喻，也许很多读者对这个比喻并不熟悉，但批评者（例如，Wagenmakers, Wetzels, Borsboom, & Van der Maas, 2011; Wagenmakers, Wetzels, Borsboom, Van der Maas, & Kievit, 2012）在提到探索性研究时就使用了这个比喻。我认为他们的意思是这样的。

第 5 章 确证和探索

假设你要去捕鱼,但对此一无所知。这里有两种策略。第一种策略是,通过阅读有关捕鱼的书籍和与经验丰富的渔夫交谈,了解有关捕鱼的所有知识,以获得实际线索。然后,你决定想捕哪种鱼,购买装备,选择合适的时间和最有可能捕到鱼的地点。到了捕鱼那天,你可能会发现自己成功了,也可能没有成功,无论哪种情况,你都可以决定多尝试几天,以确定结果是否会重出现。不同的日子可能会有不同的结果,但无论结果如何,长时间的努力都会让你学到很多捕鱼的知识。例如,你可能会得出结论,是否第一天运气好,鱼只是偶尔出现在那个地方。你也可能得出结论,认为自己可以做得更好,并考虑改进自己的技巧。经过一些试验之后,你可能会发现,你改进后的策略能让你取得稳定的成绩。

另一种策略需要的准备时间更少,有更多试错的空间,但仍有可能取得成效。你可以跳过充分的准备工作,马上买一张巨大的网,开车到最近的湖边,把网撒进水里,看看是否有东西被捞上来,是否包括目标鱼。可能会有,但也可能没有,因为这次你准备得不够充分,是猜测的结果。不过,网里可能还有其他种类的鱼,以及空罐头和塑料等大量垃圾。你决定把注意力从目标鱼转移到偶然出现的其他种类的鱼上。这种做法能提高你对捕鱼的认识吗?不会,但当你带着其他鱼回家时,至少你不会两手空空,你的熟人甚至会为你的进取心和从一个目标到另一个目标的顺利转换而鼓掌。

在日常生活中，大胆尝试，在一个目标似乎难以实现时不执着，转向另一个目标，有时是一种聪明的策略，但在科学领域，这种灵活性可能会出现问题。第一种策略的优势在于，虽然花费了大量的时间和精力，但它采取的是经过深思熟虑的计划，即使有缺陷，也往往能帮助你在理解问题上领先一到两步。将其应用于捕鱼，积累知识，根据证据拒绝某些步骤，接受另一些步骤，这可能会提升你的技能，并引导你找到富饶的渔场。第二种策略为你提供的关于结果原因的线索很少，学习机会也很少。不管怎样，你有了一个结果，但问题是这个结果出乎你的意料，并不是建立在精心准备和设计基础上的先验预期；**它就这样发生了，而你却不知道为什么。**你甚至不知道自己是否幸运。如果没有一些先验知识来指导你的思考，你根本无法知道这一点。重复检查结果是变还是不变，可以为你提供更多的知识，但这毕竟意味着你转向了第一种策略。

使用第二种策略的研究人员可能没有意识到，这种策略会让巧合对研究结果产生更大的影响，而且一项研究并不能说明真正的情况。特别是在大型数据集中，总会有显著的结果、有趣的效应值和相关性，原因很简单，因为数据从来都不是完全随机的，其中不会只有噪声而没有信号。除非故意使用计算机模拟随机性，否则哪种力量会生成只包含噪声的数据集呢？此外，即使数据中只有噪声，假设显著性水平 $\alpha=0.05$，平均每 20 次测试中也会有一次是显著的，有趣的效应值也会偶然出现。

第 5 章 确证和探索

表 5.1 显示了我根据抛硬币产生 1 分（正面）或 0 分（反面）的模型模拟的数据结果。在第 4 章讨论的算术研究中，这意味着，无论学生的能力如何，25 道题中任何一道题正确的概率都为 P=0.5。仔细想想，这意味着我以某种方式选取了一个学生能力水平（不通过测试我是怎么知道的？）都相同的样本，并设计了一套难度相同的算术题（它们必须非常相似），而这是最不可能出现的情况。不过，我的目的是证明另一件事，那就是即使是抛硬币的数据，人们也会发现一些未经深入研究但看起来很有趣的结果。

我分别抽取了 50、100 和 500 名学生作为样本；也就是说，在 25 列数据中，每列分别选取了 50、100 和 500 次抛硬币。

表 5.1 样本量，100 个随机样本（样本量为 N）的平均结果。样本相关系数最小值和最大值的范围，显著结果的最小值、最大值和平均值。零假设检验的临界值

样本量	最小值范围	最大值范围	最小值（显著）	最大值（显著）	均值（显著）	临界值
50	-0.60; -0.29	0.30; 0.64	6	25	15.32	0.28
100	-0.42; -0.21	0.21; 0.40	7	23	15.34	0.20
500	-0.18; -0.09	0.10; 0.18	8	28	15.60	0.09

我知道这些数据是由抛硬币产生的，因此我预计问题之间的所有 300 个具体的相关系数[1]都为 0（300 个零假设 $H_0: \rho=0$ 与

备择假设 $H_{a:}$ ρ ≠ 0；[2] 希腊文小写字母 rho 表示总体中的相关系数）。鉴于显著性水平 α=0.05 和 300 个独立的零假设，我预计有 α×N=0.05×300=15 个显著结果[3]。我将每个样本重复 100 次，以控制随机抽样造成的意外结果。结果见表 5.1，提供了各重复样本的平均值。

特别是当样本较小时，样本相关系数的大小会很有意思。例如，在 N=50 的情况下，100 个数据集中发现的最小相关系数为 -0.60，最大相关系数为 0.64。当我们在没有理论出发点的情况下寻找结果时，这些值就是有趣的"效应值"。在这个例子中，效应值随着样本量的增加而减小。无论样本大小如何，显著结果的平均值约为 15。我再次强调，这些数据是抛硬币得出的，本身毫无意义。当然，肉眼可能会做出不同的判断，但这种判断本质上是错误的。

有一些统计保护措施可以降低发现异常的概率，还有一些所谓的多元方法可以检验我们的假设，从而降低做出错误判断的风险（例如，Benjamini & Hochberg，1995；Maxwell & Delaney，2004；Pituch & Stevens，2016；但不同的观点请参见 Gelman & Hill，2007）。然而，由于我想证明即使抛硬币也可能会发现"一些东西"，所以我没有使用校正方法。你应该记住两件事。一是即使是抛硬币的数据也可能包含非零相关的结果。另一件事是，真实数据并不像抛硬币或其他机制那样，生成整齐的数据景观，而是像沙漠一样平坦贫瘠，偶尔这里或那里冒出一棵树，仔细观察就会发现它是复杂虚景。真实的数据要复杂得多，要看的东西也多得多，这暗示着看起来很有趣的结果未必真的有趣。数据总是包含很多结构。

在数据集中总能发现什么，这一事实强调了在进行研究时制定计划的必要性。没有计划和基于计划的设计，研究人员就无法解读数据。对可发表结果的需求以及我们对所看到的几乎任何事物都赋予意义的天赋，诱使我们对从未预料到的显著结果、效应值和相关性过度解读（例如，Kerr，1998）。这些结果大多经不起复现的考验（Ioannidis，2005）。当你明确探索研究方向并设计了发现的条件时，至少可以让你走上一条可能通向某个地方的道路。如果伟大的科学发现唾手可得，那么它们的发现就会容易得多，但科学进步是一场障碍赛跑，许多参赛者永远无法完成比赛。

确证性实验和探索性实验

我们通过真实科学研究对比确证性研究和探索性研究。我不会介绍同一个研究项目的两个版本，好像研究人员可以随意选择一样，而是将这两个版本作为一项研究的不同部分来讨论，研究通常从确证性研究开始，然后转变为探索性研究。我将讨论两个项目，这两个项目是我为了不让任何人尴尬而编造出来的。首先，我将讨论一项实验，然后是一项调查，并讨论当从确证转向探索时会发生什么情况。除了讨论研究问题和研究人员实施研究的方式，我还将解释实验和调查的逻辑。

我设想了一个简单的实验，旨在验证一种新药（我称之为X）对人们安全驾驶汽车的能力（我称之为Y）的负面影响。因此，问题是X是否会影响Y。出于安全考虑，研究人员在交通模拟器中评估驾驶能力。现在，如果研究人员只向一个人（比如约翰）提供一剂药物，比如10毫克，他就会观察到约翰的驾驶能力达到了一个特定的水平，但这并不能说明X对Y有什么影响。如果约翰表现出良好的驾驶能力，研究人员就不能得出药物**无效**的结论，因为他不知道约翰在服用另一种甚至更低剂量的药物时会有什么反应。此外，如果约翰表现出驾驶能力不佳，研究人员也不知道这是否仅仅与他的驾驶风格有关而与药物无关。这意味着研究人员需要在实验中区分不同的条件，每种条件下都有不同的剂量。零剂量条件代表驾驶能力基线，称为对照条件。即使药物对被试者的身体没有影响，被试者也可能会因为知道自己服用的剂量而产生心理影响。因此，实验需要采用被试者不知道剂量的单盲设计。如果研究人员在实验前和实验过程中也不知道谁服用了哪种剂量的药物（由其他人保管给药情况），那么我们就称该实验为双盲实验。这样，研究人员就不可能无意中向被试者提供线索，而这些线索可能会影响Y。在对照条件下，被试者将接受安慰剂，这种安慰剂外观看起来像药物，但不含有效成分，被试者也不知道它是安慰剂。

经验表明，不同的被试者对相同的处理会有不同的反应。因此，每个条件都包含了来自同一明确总体的随机样本。在每种条件下都有多名被试者，因而可以评估被试者对同一条件下所给剂量的反应差异。此外，研究人员还可以评估不同条件下的被试者对不同剂量药物的平均反应是否不同。从统计学角度看，这种条件比较需要估计每个条件下驾驶能力的平均值和方差。F 检验（例如，Hays，1994；Tabachnik & Fidell，2007；Winer，1971）用于检验"所有条件下均值相等"这一零假设是否成立，并通过判断条件间的均值差异与条件内观察值的变异相比是否足够大，来提供拒绝该零假设的概率（即超越概率）。条件均值之间的差异越大，条件内部的变异越小，p 值越小，越容易拒绝零假设。图5.1 上半部分显示了从 20 毫克、15 毫克、10 毫克、5 毫克到 0 毫克（从左到右）五种剂量下的驾驶能力分布，每个条件下的驾驶能力都有很大的方差，因此，在不知道分组的情况下很难判断约翰的驾驶能力属于哪种条件。在下半部分图中，条件均值之间的差异与上图相同，但方差较小，因此重叠部分较少。如果拒绝零假设，则表明某些或所有条件的均值存在差异，因此我们得出结论：X 影响了 Y。我们可以使用**事后**局部统计检验来比较成对的条件，以确定哪些条件之间存在差异。

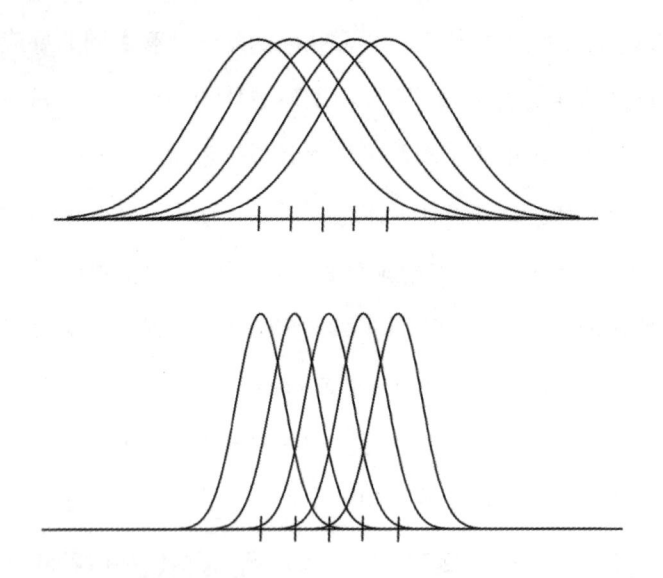

图 5.1 五种药物剂量条件下的驾驶能力的组内方差较大(横轴),使组间差异不明显(上半部分图),五种条件下的组内方差较小,使组间差异更明显(下半部分图)

假设研究人员在绘制的曲线图中发现,平均驾驶能力随着药物剂量的增加而降低,但总体统计检验结果并不显著。我假设他除了发表报告实验及其结果的论文外,不涉及其他利益。他知道,期刊倾向于发表显著的结果和大的效应值,而不是像他这样的零效应结果,但他并不打算把他的研究报告扔在办公桌的抽屉里(第2章)。为便于论证,我假设他很难相信对照条件(0毫克)的驾驶能力没有显著优于下一个条件(5毫克),更不用说更高剂量的条件了。对0毫克和5毫克两组均值是否相等的**事后**局部统计检验显示,p值仅略大于$\alpha=0.05$,例如,$p=0.09$。他决定检查这两组数据是否有异常，并通过查看他记录的每位被试者的背景信息来研究这两组数据的构成。

我假设，在实验之前，研究人员已经要求被试者填写了一份问卷，询问他们持有驾照的时间、开车的频率、是否曾发生过交通事故、最近一次收到超速或违章停车罚单的时间、是否戴眼镜、为什么戴眼镜等信息。根据这些信息，他注意到 0 毫克组中有一位被试者说自己是远视眼，在交通模拟器中犯了很多判断错误。他意识到，如果远视导致他的技能得分低，那么他可能会混淆数据。他决定将此人排除在数据之外。这就提高了组内平均驾驶能力。在 5 毫克组中，驾驶能力得分最高的受试者表示几乎每天都开车上班，而且持有驾照的时间最长。由于可能存在过度合格的现象，他将此人从组中剔除，从而降低了组内平均值。你可能会想起第 2 章中的极端值的例子。

统计检验比较了两个调整后（去掉两个案例后相差更大）的组平均值，结果是 p=0.059，这是我为这个例子编造的结果。5 毫克组的一名受试者在驾驶过程中出现了一种有趣的判断错误模式，尽管所有错误都发生在驾驶测试的最后部分，但错误总数很少，因此显示驾驶能力很强。研究人员怀疑是受试者注意力不集中造成的，因此决定删除这一数据行，再次降低组内平均值。再次检验组平均值是否相等，结果 p=0.03，拒绝了 0 毫克组和 5 毫克组平均值相等的零假设。他得出结论，认为自己有充分的理由删除这三行数据，并将重点放在对照组（0 毫克）和 5 毫克组的结果比较上，他预计对照组的驾驶能力要优于其他组。他决定在论文的"讨论"部分提供一些初步解释，并将论文投给期刊。他没有提及第一个结果，他认为自己应该早点注意到，应该在第一次统计检验之前就删除可疑的数据行。

对此我有两点意见。首先，尽管这个例子是虚构的，但基本上描述了每天多次发生的情况。其次，我认为这位虚构的研究人员的行为是理智的。也就是说，任何使用真实数据进行研究的人都会承认，当结果与自己的期望不同时，会有进一步挖掘数据的冲动。想得到积极或有趣的结果的愿望，加上时不时会受到竞争机制和急躁情绪的驱使，有时会促使研究人员在展示其探索性结果时，表现得好像他们是计划好了统计分析，而不是在看到初步结果后临时拼凑的。关于有问题的研究行为的文献并没有经常提到，研究人员可能根本没有掌握足够的统计学知识，无法充分认识到自己在做什么，以及这些操作对其研究结果的有效性会产生什么影响。本书的中心论点是，对统计学的掌握不够充分是研究中的一大弊病。

在数据探索的基础上得出结果后，有两个步骤是合理的。一个步骤是利用这些初步结果来修正自己的理论和由理论推导出的预期假设，并设计新的实验来检验修正后的假设。这可能是一连串的事件，系统地发展一个理论，并用实验来检验一个假设。这种策略可能会相当缓慢和费力，短期内不会产生可发表的结果，与要求快速得出结果的绩效文化不符。另一个步骤是在发表阴性确证结果的同时，发表探索性结果，并讨论这一切对自己的理论和未来研究的意义。这一策略要求期刊不仅能接受成功的故事，还要容忍对研究进展的如实记录（无论多么曲折）。

通过实验，研究人员可以主动操纵他假设会导致特定效应的条件，同时控制其他影响效应但可能混淆目标因果关系的条件。例如，在药物剂量对驾驶能力的因果效应研究中，混杂因素可能是以年数表示的驾驶经验，更多的驾驶经验会在一定程度上弥补因药物剂量增加而导致的驾驶能力下降。如果药物剂量和驾驶经验都会影响驾驶能力，研究人员就无法将两者的影响分开，除非在选择样本时控制驾驶经验，从而分离出药物剂量的影响。可能的方法是只对相同驾驶经验的被试者进行抽样，或者采取分层抽样，使不同经验水平的被试者在所有条件下的分布都相同。梅伦伯格（Mellenbergh，2019）讨论了各种抽样策略。当无法使用此类抽样策略时，可以使用协方差分析等统计解决方案（Pituch & Stevens，2016）。

在一些研究领域中，实验很受欢迎，因为在这些领域中，对与特定现象相关的条件进行操作是可行的，而且通常会将单位随机分配到条件中，以防止条件之间存在系统性的**先验**差异，从而混淆操作的效应。但在随机分配不可行或不道德的情况下，不可以进行实验。例如，在研究新的算术课程对算术能力的影响时，随机分配是不可行的，研究人员不能将一些学校随机分配到使用新课程的条件下，而将其他学校分配到使用旧课程的条件下，因为是由学校或上级机构决定使用哪种课程的。不过，研究人员可以根据总体学习成绩、社会经济状况和其他可能的混杂因素，对自愿参加的学校进行匹配，这样就可以提高不同条件的**先验**可比性。但这种方法只有在首先根据混杂因素对学校进行分层，然后在每个条件下随机抽样时，才能弥补非随机分配的不足，而这种随机性往往是不可行或不道德的。在不进行匹配的情况下，研究人员可以记录混杂因素，并使用协方差分析等统计方法评估其影响。这种设计通常称作**准**实验（如 Shadish，Cook，& Campbell，2002）。

在教育领域，尤其是医学研究领域，如果向某一群体提供看似有效的干预措施——针对算术能力较弱的学生的算术课程，或针对癌症病人的延长生命的药物——而对其他群体不提供，就会引发伦理问题，挑战研究的底线。一般来说，我们需要与（准）实验不同的其他研究设计，其代价是失去对结果有效性的控制。我将把调查法作为一个例子，因为它被广泛应用于各种研究领域。其他随机分配可能存在问题的例子包括研究消费者习惯、房地产市场趋势以及政策措施或法律对人们行为的影响。在讨论调查研究之前，我先讨论一下减少"将探索性研究说成是确证性研究"的政策，因为这项政策主要是针对实验研究的。

预注册、复现和理论

探索和确证之间的区别是后验解释和先验预测之间的区别。后验解释就像是解释昨天的天气，而先验预测则是利用前一段时间的天气特征来预测明天的天气。利用新数据进行预测的成功程度，是人们理解天气系统的理论正确与否的衡量标准。研究人员已经分析过的数据可以产生假设，但研究人员不能用同样的数据来检验这些数据产生的假设；如果你已经从数据中看到了结果，假设检验就没有意义了。要进行假设检验，研究人员必须收集新的数据，并不厌其烦地检验假设，也就是说，不能先看数据，以决定是否应该先调整数据或检验另一个假设。这就好比预报天气一样，不能先观察天气如何发展，再根据便利性调整最初的预报。然而，这种情况经常发生，原因多种多样，其中之一就是对统计学掌握不足。

一些作者（如 Lakens，2019；Nosek, Ebersole, DeHaven, & Mellor, 2018；Rubin, 2020；Wagenmakers et al., 2012）讨论了在一个安全的存储库中预注册假设的问题，将研究计划（包括感兴趣的假设）存入储存库并打上时间戳，而所有这些都是在看到数据之前进行的。常见的存储库包括开放科学框架（Open Science Framework，OSF）(https://osf.io)、Dataverse (https://dataverse.org/)、Figshare (https://figshare.com/) 和 Mendeley (https://www.mendeley.com/)；更多例子见诺塞克等人的著作（Nosek et al.，2018）。预注册类似于在比赛开始前下注，一旦开始便不可更改。然而，在收集数据后，可能会出现一些意料之外的问题，有时研究人员可以在不损害预注册的情况下解决这些问题。例如，研究人员可能会发现某些变量的分布是偏态而不是正态，这是他无法预料的，因此需要用其他统计方法来取代计划中的方法，以适应违反假设的情况。为了提高透明度，他只要重新预登记计划的变更，就是合理的了。其他调整可能是不可避免的（Nosek et al.，2018），比如样本比预期的要少，使研究偏离了预注册的理想状态。但是，如果调整不会使结果失效，而且通过补充预注册保证了透明度，那么这些调整可能是继续研究所必需的。

预注册通常与正式的假设检验有关（例如，Wagenmakers et al.，2012），但对其他研究策略也很有用，哪怕只是为了在看到数据之前增加研究人员意图的透明度。此外，虽然实验是适合进行预注册的，但任何涉及预测的研究设计都可以进行预注册，包括我将在下一节讨论的调查设计。如果为了避免研究人员在探索过程中改变主意，还继续把研究当作确证性研究来继续进行和报告的话，探索性研究也可以预注册。有人可能会说，只有确证性研究才必须预注册，因为这意味着所有其他研究都是探索性的。然而，这恐怕会导致某些研究缺乏清晰度，并引发本可避免的无休止的争论，毕竟引入预注册是为了限制研究人员从任何一种研究设计转向另一种他们声称是确证性（而实际不是的）研究设计的自由。黑文和范·格罗特尔（Haven and Van Grootel，2019）认为，定性研究使用访谈、报告、照片和目击者陈述等非数字数据来提出假设，是典型的探索性研究，因此也应像其他研究一样进行预注册。原因在于，研究人员的意图在研究开始时已部分存在，因此需要增加透明度，告知同事们偏离最初设想的情况，以及公开自己在解释研究数据时的理论立场。

除了减少将探索性研究误作确证性研究并高估其稳健性的可能性外，可复现性也是预注册所有研究的另一个动机。在结果已知后再进行假设所获得的结果——简称"HARKing"（Kerr，1998）——没有明确目的地而在岔路众多的花园中徘徊（Gelman & Loken，2014），相比于数据分析师对新数据进行直接假设检验所获得的类似结果（开放科学合作组织，2015），成功复现的概率要更小。一些作者（例如，Fiedler & Prager，2018；Stroebe，2019；Trafimow，2018）指出，在人文科学领域，精确复现是很困难的，因为几十年前有意义的实验操作可能由于社会和文化的变化而改变了意义，从而失去了有效性。其他混杂因素可能来自与研究群体相关变量变化，以及为改进最初实验而调整了实验程序。

一个具有统计学意义的问题是，专注于复现最初显著的结果会引入回归效应（Galton，1889），这是一种选择效应，只要选择具有极端变量得分的案例，这种效应就会出现，例如在 p 值范围内的显著性结果（Fiedler & Prager，2018；Trafimow，2018）。如果零假设成立，则 $p < 0.05$ 的显著性结果代表了 5% 的极端案例处于最低端。回归效应预测，极端值在复现时平均会向其分布的均值回归。因此，我们预期 y 个初始显著的研究样本会带来更少的显著复现，而回归效应的强度决定了减少的幅度。在其他条件相同的情况下，回归效应的例子包括：因第一次考试不及格而被选中参加补考的学生（有些人即使不做额外准备也能通过），以及因良好的入院面谈而被选中接受治疗的病人（有些人即使不接受治疗病情也会好转）。

批评者的观点是，复现时没有发现同样显著的结果说明不了太多问题。我提出了两种替代策略。首先，从一项研究所能想象到的复现总体中，选择初始研究 A 和复现研究 A_1，共同构成一个样本量为 2 的样本。结果对（s= 显著，n= 不显著）可以是（s，s）或（s，n），如果还复现了第一次研究中不显著的结果，则结果对还可能是（n，s）或（n，n）。一对结果比只有一个结果更有参考价值，但如果进行更多的重复，就会得到一项研究的结果分布，从而有助于对真实效果进行更可靠的评估。其次，与其重复进行规模为 N 的同一研究，不如使用大样本进行研究，从而更精确地估计样本量较小时所缺乏的效应值。一个关键的问题是，当期刊只发表显著的结果，而研究人员把不显著的结果放进抽屉里遗忘时，研究人员是否愿意开展多次复现研究，还是进行一次或几次大样本研究。努伊滕、范·阿森、维尔德坎普和维切特（Nuijten，Van Assen，Veldkamp，and Wicherts，2015）发现，发表偏倚会影响复现对效应值估计偏差的校正作用，甚至可能加剧效应值偏差，这表明发表偏倚可能会阻碍包括概念复现在内的有效复现研究。

我希望，当一项研究重要到足以促进理论的发展（是更重要的研究而非偶然的研究）时，无论其结果是否显著，研究人员都应准备好复现这项研究。如果一项研究涉及的主题是孤立的，而不是基于范式驱动的坚实理论，那么研究人员可能就不太愿意进行复现（Nosek，Spies，& Motyl，2012）。也就是说，当研究的前景经不起时间的考验时，为什么还要费心去做复现研究呢？如果一项研究可能只会引起一时关注但却没有什么前途，因为它没有解决与更好地理解人类行为、疾病的起源或基本粒子的存在等有关的更重大的问题，那么谁会愿意花时间和资源去复现这一研究呢？

我将"捕鱼式研究"比作精心准备的探索或不会空手而归的试错尝试，不仅是为了强调先验预测优于事后分析，更是为了论证先验预测必须有理论支持。要想获得成功，科学界必须认同一个有前途的理论，这与个人将想法转化为另一个待检验假设的行为是不同的。开展旨在检验理论的研究，需要进行复现研究或使用更大的样本，因为它处于许多人认为值得付出努力的有意义的背景中。许多作者讨论过，要使一个科学领域硕果累累，就必须发展理论；例如，参见 Stroebe（2019）、Eronen and Bringmann（2021）以及 Borsboom, Van der Maas, Dalege, Kievit and Haig

（2021）。不过，约阿尼蒂斯（Ioannidis，2018）认为，大多数科学领域充斥大量显著的首次研究结果，这些结果可能是假阳性结果，需要通过复现来澄清，这表明我们离理论指导下的研究实践还很遥远。

对人文科学领域中复现研究的可能性持怀疑态度，有助于推动将研究结果建立在在更强的基础上。尽管以人类作为研究对象存在种种问题，但不完美的复现研究，仍然有助于推动科学的发展，尽管其确定性可能不如精密科学。不相信复现研究意味着也不相信最初的研究；毕竟，如果人们准备把它们看作是彼此的纯粹复现，那就可能会把研究 A_1 看作是最初的研究，而把研究 A 看作是复现，孰先孰后并不重要。当 A_1 不是 A 的纯粹复现时，反之亦然。重要的是，我们要努力寻找某种效应的证据，同时保持批判精神，并准备在有证据表明存在这种效应时拒绝某项研究发现。斯特罗贝（Stroebe，2019）批判性地讨论了在其研究领域——社会心理学——中，复现对理论发展的价值。

注册报告（Chambers，2013；Nosek & Lakens，2014）是一种解决文件抽屉问题的预注册方法。其原理是，期刊编辑会在数据收集之前指派评议人评估研究设计的质量，包括对所提研究设计的统计功效进行评估。无论研究结果如何，获得肯定评议意见的研究成果都会发表，打消研究人员因担心会被期刊拒之门外而隐瞒阴性结果的顾虑。被接受的研究计划需要预注册。注册报告还鼓励复现研究，因为这种研究成果发表的概率很小，所以很少有研究人员进行这种研究，甚至不会出现文件抽屉问题。注册报告的另一个好处是，作者有机会在收集数据之前根据评议意见改进研究，并保护评议者和编辑不因知晓研究结果而做出有偏判断，从而避免产生发表偏倚。西茨马、埃蒙斯、斯特内克和布特（Sijtsma, Emons, Steneck, and Bouter, 2021）列举了预注册的四个好处：限制研究人员的自由度、确保可复现性、揭示未发表的研究以及实现注册报告。

预注册在多个研究领域中仍不常见（Baker, 2016）。哈德威克、蒂博尔、科西、瓦拉几、基德韦尔等人（Hardwicke, Thibault, Kosie, Wallach, Kidwell et al., 2021）对 2014 年至 2017 年发表的心理学文章进行了随机抽样，发现只有 3% 的文章进行了预注册。巴克尔、维尔德坎普、范·阿森、克朗普菲、翁等人（Bakker, Veldkamp, Van Assen, Crompvoets, Ong et al., 2020）研究了心理学研究人员预注册的主要方式，得出的结论是，研究计划的许多细节模糊不清或缺失，往往偏离了最初的计划，有时终究陷入 HARKing（结果已知后再进行假设）。盖尔曼和洛肯（Gelman and Loken, 2014）认为，他们不可能提前制定出自己最感兴趣的假设，他们提到了对政治、教育、经济和舆论领域现有数据集的分析，而其他研究人员之前已经对这些数据集进行了分析。他们还呼吁不要因为预注册的限制而束缚统计分析，并指出在许多难以或无法收集新数据的领域，如政治选举数据，不可能进行复现研究。两位作者建议在不可能进行预注册的复现时，应对所有数据进行分析和比较，并提高研究人员对"p 值操纵"和混淆"探索"与"确证"的危险性的认识。

确证性调查和探索性调查

因为有几位作者建议将预注册局限于基于实验设计的假设检验，所以我对调查研究给予了一定的关注，并认为它也应该进行预注册。在调查研究中，研究人员从总体中抽取样本，向被调查者提出一系列问题，使用统计方法分析数据，并将结果推广到相关总体。调查的关键在于研究人员不能像实验那样将受访者随机分组。分组已经存在，诸如基于教育水平或宗教信仰的总体。有许多抽样设计可供使用，而获得一个能代表总体的样本需要付出很大的努力。为此，我们需要候选样本单位的背景变量或协变量。当样本单位是人时，协变量可以是性别、年龄、教育水平、收入、宗教信仰、政党等，具体取决于调查的目标。如果总体中有 27% 的罗马天主教徒、19% 的新教徒、8% 的穆斯林、2% 的犹太教徒和 44% 的非宗教人士，而宗教在样本中没有得到适当体现，就会成为研究问题的重要混杂因素，那么研究人员就需要从每个类别中随机抽取样本，使样本反映出总体中的宗教分布。这就是分层抽样。抽样本身就是一种统计专业，对于某些抽样方案，需要对统计方法进行调整（Mellenbergh，2019）。

问题和问卷的设计是另一个专业领域，这方面的文献资料非常丰富（例如，Saris & Gallhofer, 2007）。发放问卷的方式多种多样，例如，纸质问卷、电子问卷、现场访谈、电话调查、互联网调查等。受访者可以从一组预设答案中选择答案，也可以自己拟定答案（见第2章中的数据缺失示例）。受访者填写问卷，或由访谈者根据口头回答记录。其他数据，如生物医学数据和通过智能手机或其他可穿戴设备收集的数据，也可用于调查。此外，调查可以比较不同的群体，如年龄组，在这种情况下，研究是横断面的；也可以跟踪同一群体，在一段时间内重复测量受访者，在这种情况下，研究是纵向的。还可以采用其他一些设计。统计分析是多变量的，模型可能很复杂，需要同时分析大量变量之间的关系。如果研究人员之前没有确定与研究问题相关的群体，那么在数据可用的情况下，反映群体成员身份的协变量可能会成为统计模型的一部分，从而在统计结果中临时纳入群体结构。

调查研究缺乏典型实验的严格控制，通常会产生大型、多组、多变量数据集，需要探索而非确证。此类数据集是有问题的研究行为的天堂，其种类多达数十种（Bouter et al., 2016; Fanelli, 2009; John et al., 2012; Steneck, 2006; Wicherts et al., 2016）。研究人员的想象力可能是有问题的研究行为的唯一限制。其中臭名昭著的一种行为是，从数据集中剔除与大多数观察结果相比似乎不寻常的观察结果。虽然临时剔除观察结果的做法不是不可以，但有些研究人员剔除观察结果只是为了让剩余数据看起来更一致，并得出研究人员认为更有可能、更可取或更有用的结果；请参阅第 2 章中的极端值示例。

另一方面，你需要认识到，涉及操纵自变量的受控实验往往难以实施且范围有限。因此，调查研究在人文科学中极为重要。人文科学离不开调查研究，但我想说的是，数据的丰富性——大量的变量，往往复杂的样本分组结构，以及在不同测量场合收集到的数据——需要的是克制而非无节制的探索。在岔路众多的花园中漫步（Gelman & Loken，2014），尝试众多出口并找出它们通往何处，这可能是不可抗拒的，甚至是明智的选择，但随后必须报告数据分析的探索性质，从而提出假设，在后续研究中进行检验。

玩弄极端值、突出案例和缺失数据（第 2 章）指的是对数据集的直接操纵，即捏造，这显然不同于对自变量的操纵。间接操纵是指玩弄统计建模的数据以找到符合某些标准的最佳模型。这与我在第 2 章中所举的使用向后逐步回归法进行多元回归分析的例子不同，那个例子显示了样本量和预测变量的算法选择对所选模型的巨大影响。这是一个只有一步的分析，结果很奇怪。在这里，我指的是尝试多种统计模型，并选择结果有吸引力的模型。我再次使用多元回归模型来说明其工作原理。

现代统计模型非常复杂，因为它们包含大量通过数学函数关联的变量。假设模型包含智力变量（由智力测验得出）和动机变量（由申请信得出）的数据。根据数据估算出的系数表明了它们的相对重要性；见第 2 章。我将这两个乘积相加，代表另一个变量"大学成绩"。因此，我们可以得出：

第 5 章 确证和探索

$$\text{系数}_1 \times \text{智力} + \text{系数}_2 \times \text{动机} = \text{大学成绩}$$

该模型非常简单，两个预测因子对"大学成绩"的解释并不完美。研究人员可以通过多种方式扩展这一模型。一种方法是加入性别因素，以解释男女学生模型之间可能存在的差异。例如，动机可能对男生更重要。这样，模型就变成了：

$$\text{系数}_1 \times \text{智力} + \text{系数}_2 \times \text{动力} + \text{系数}_3 \times \text{性别} = \text{大学成绩}$$

如果你除了智力、动机、性别和大学成绩等，还收集了大量变量的数据，并将不同变量移入或移出模型，你就可以构建出许多不同的模型来解释大学成绩。这看起来有点像在数据集中移进或移出观察值，但对结果的影响可能更大。

这个例子说明，模型是对事实的简化，强调突出的特征并忽略细节。我所讨论的模型包含了一些与"大学成绩"相关的变量，但可能过于简化了对大学成绩的理解。其他可能相关的预测因子包括外向性（倾向于与他人沟通）和自觉性（倾向于负责任地行事）的个性特征，以及能够长时间集中注意力的能力和工作精神。此外，情境因素也发挥了作用，如父母是否支持并帮助完成家庭作业，是否有兄弟姐妹有学术抱负，以及就读高中的质量等。要找到解释大学成绩的合理模型，就必须有一个依据充分的理论。

模型并不能完美地描述数据集。用统计学的术语来说，就是模型与数据存在不拟合，但如果不拟合程度很大，模型就毫无用处。在我们的例子中，严重不拟合意味着了解一个学生的智力和动机对预测他的大学成绩只有一点点帮助：智力和动机高的学生平均来说更容易获得好成绩，但根据模型得出他们与其他群体的平均差异很小。差异微小是由模型的不完整性造成的。为了衡量不拟合程度，有几种定量方法，如多重相关系数的平方和残差方差（第2章），这些方法通过模型预测的数据特征与真实数据中相应特征的距离来量化不拟合度。多重相关系数的平方通常较小，残差方差通常较大。

尝试不同的模型是很有诱惑力的，尤其是当数据集包含许多变量可以作为多元回归模型或其他模型中的预测因子时，你可以评估模型的拟合度。在模型中添加变量或省略变量，尝试不同的变量子集，添加变量乘积以纳入乘数效应或交互效应，以及添加性别和家庭背景等背景变量以考虑不同亚群之间可能存在的差异，这些都可能产生预期之外的有趣结果。你还可以考虑使用不同类型的模型，如非线性模型和潜变量模型。各种可能性不胜枚举，考虑它们的诱惑也是巨大的。如果探索是公开进行的并在出版物中作了报告，让读者知道模型只是暂时的、有待确证的，那么探索自己的数据并没有错。

预注册探索性调查

捕鱼式调查不一定是个坏主意。其中一个原因是，它们可能会提出对现有理论的修正意见和有待检验的新假设。关注样本中的亚组，尝试不同的模型，都是激发自己的想象力和创造力的方法（Gelman & Loken，2014）。在进一步探索数据时，有两件事很重要。首先，在公布结果时，研究人员必须报告最初假设的检验结果。然后必须说明接下来的内容是补充性数据分析的结果，是对数据的探索，并明确表明采取了哪些行动。这些行动可能是选择分组、处理极端值、突出观测值和缺失数据，以及探究几个模型变种。出版物探索部分的结果就是对如何深化理论和检验理论的研究提出建议。最后，读者千万不要把我的建议当作采取有问题的研究行为的许可证。当研究人员把无数次尝试的结果作为自己在设计研究和分析数据之前根据理论提出的假设检验的结果时，随意地分组、进行数据处理和使用多种模型就成了一种有问题的研究行为。

如果最初的目标是确证性研究，检验一个或多个假设，而且已完成预注册，那么后续转向探索性研究就并无不妥，但需要说明这一转变。很多研究一开始都是探索性的，我建议也要预注册。这样，就可以遏制基于"好得不真实、不发表可惜"的意外效应而悄悄转换研究性质的行为。研究人员应将意想不到的诱人效应作为一个可能是基于探索的偶然发现来发表，同时说明其价值足以支持在一个新的数据集上进行验证性检验。预注册有助于将研究人员的注意力集中在他们最初的想法上，通过在收集数据之前公布研究人员的最初研究意图，防止偷梁换柱。

启　示

缺乏坚实理论基础的研究领域很容易对数据中意外出现且无法解释的非零结果进行过度解读。

研究计划的预注册至少有助于提高对确证性研究重要性的认识。

以假设检验为目的的实验研究尤其适合预注册，但包括探索性研究在内的其他研究设计也必须进行预注册，以推动开放的科学文化的发展。

注　释

1 与表2.2类似，制作一个25行25列的表格，并在表格的上三角插入相关系数。表格中的单元格数为25×25=625。删除行列号相同的25个单元格，这些单元格代表一个问题与自身的相关系数。在剩余的600个单元格中，所有相关系数都会出现两次，因此删除所有重复的单元格。这样就剩下 $625-25-\frac{1}{2}\times 600=300$ 个不同的相关系数。

2 我使用了双侧t检验，即$t=r\sqrt{\frac{N-2}{1-r^2}}$，其中r表示相关系数，N表示样本量和N−2个自由度。

3 这只有在300次检验是独立的情况下才是正确的,但它们并不是独立的,因为每个变量都出现在它与其他变量的24个相关系数中。因此,每个变量的数据都被使用了24次,这就在各相关系数之间产生了一定程度的依赖性。我在这里忽略了这个问题,认为所有相关系数都是独立的。

第 6 章

有问题的研究行为的原因

有关研究诚信与道德的文献,对诸如发表论文的压力、对科研经费的竞争、获得终身职位或晋升的愿望等情形给予了极大关注,这些都是研究人员匆忙行事、违反某些规则、有时甚至跨越道德边界的原因。在本章中,我将讨论没有完全掌握方法论和统计学是出现有问题的研究行为的一个原因。我指的是与个人研究领域相关的方法论规则和统计方法的掌握情况。似乎可以非常合理地假设,研究人员掌握了这些技能,并能在研究中加以应用,而不会一再出错。然而,事实似乎是,有太多没有不良意图的研究人员无法充分使用方法论和统计学。研究人员会接受专家的建议吗?如果他们误导自己,坚持使用不适当的方法和统计分析,或者根据错误的习惯向他人提供错误的建议而欺骗他人,该怎么办?方法论和统计学掌握不佳是一个需要承认和纠正的问题,而不是用来指责的理由。为什么方法论和统计学掌握不好会成为研究实践中的一个问题?

第6章 有问题的研究行为的原因

我的主张是，研究人员需要使用方法论和统计学，但这些并不是他们的专业，他们只是将方法论和统计学方面的技能作为辅助进行实践。这就造成了有问题的研究行为。发表论文的压力和其他环境因素会增加有问题的研究行为的频率，但我认为有问题的研究行为主要是对方法论和统计学掌握不佳造成的。大多数心理学家、认知科学家、社会学家、经济学家、生物学家、生物医学研究人员和健康研究人员显然专注于具体学科。这就是他们在大学所学的专业，也是他们基于动机和兴趣而选择的职业。那么，方法论和统计学如何融入学术训练？

一些学术训练课程的一部分是研究方法的学习，这有助于建立本学科的典型研究设计。统计学入门课程和使用最常用的基本统计方法是许多学科本科课程的必修课。用户友好型计算机软件的使用是统计学理论的一个可喜补充，它使学生和准研究人员只需具备编程方法的基础知识，就能对数据集进行分析，而无须了解该方法的数学原理。在个人电脑普及之前，比如1990年以前，学生们需要"手工"计算软件应用的简易示例；而当后来有了个人电脑后，他们就可以让机器完成计算工作了。随着计算机内存和计算能力的惊人增长，以及统计软件数量的迅速增加，只要有互联网连接，就可以免费使用和下载统计软件，学生们可以让计算机完成以前认为不可能完成的计算。

统计学计算机化的另一个方面是开发复杂的计算机密集型方法，这些方法需要进行大量的分步计算，以至于人的一生很可能无法手工完成所有这些计算。在我写这篇文章的时候，即便使用强大的计算机，这种计算仍然需要几分钟，有时甚至几个小时，但未来的发展有望缩短计算时间，甚至达到令人难以置信的程度。要想了解我的意思，我建议你翻阅一下个人研究领域在 1960 年前发表的几篇论文，实验和调查研究的规模之小会让你大吃一惊。那时，人们必须手工完成所有的计算，而研究助理（有时也被称为"计算员"）则通过重新计算来一丝不苟地检查结果。直到 20 世纪 70 年代，人们还在使用小型卡车大小的大型独立计算机，而且在许多领域，研究工作都与今天不同。研究人员使用打孔卡来输入软件指令，每张卡上一行有 80 个字符，他们把这些指令交到柜台，第二天早上再回来拿一叠纸，上面是统计程序的输出结果。如果出现错误，程序就会崩溃，并打印出"致命错误"的信息，然后整个程序从头再来。任何对计算机在科学领域令人惊叹的征服过程感兴趣的人，都可以参考格里克（Gleick，2011）和戴森（Dyson，2012）的文章。

随着计算机化给我们带来的种种好处，我们越来越不需要了解用于计算的统计方法的复杂性。除了理解能力的下降，统计方法的复杂性也在不断增加，而这主要得益于计算机使计算变得便利。在本章中，我将在一些心理学大师的帮助下指出，我们不应轻易相信研究人员在 1960 年之前就能很好地理解小规模统计。我的观点是，既然机器已经接管了计算工作，深刻理解统计方法就比以往任何时候都要遥远。这并不意味着在某一具体领域接受

第6章 有问题的研究行为的原因

过训练并积极进取的研究人员就不能成为出色的统计学家；他们可以，而且有几位已经成为出色的统计学家！然而，除了这些精通统计学的研究人员，还有不少人在主业之外将方法论和统计学作为辅助技能来使用。这又能怪谁呢？毕竟，他们想知道是什么让青少年从事非法活动，为什么消费者会被某种产品吸引，以及病毒是如何在人群中传播的，但这并不意味着他们也对方差分析中使用的 F 统计量的推导或多层次分析中执行的逐步估计算法感兴趣。

具体研究领域所需的知识与理解统计推论所需的知识大相径庭。此外，对很多人来说，统计学比其他学科更难掌握。试想一下，小学生在学习和练习算术时，中学生在试图掌握代数和几何时，以及大学生在学术训练中学习统计课程时，都会遇到哪些困难。当他们成为研究人员时，通常并不比那些离开大学去从事非学术工作的同学学习更多的统计学课程。那么，他们从哪里获得从事研究工作所需的统计技能呢？有很多途径：他们可以选修更多更高级的统计学课程，在攻读博士学位或担任助教时聆听导师和同事的意见，参加由专家开设的多层次建模、结构方程建模和荟萃分析等复杂方法速成班，以及阅读相关教科书。我对所有这些学习方式表示赞赏，但我要指出的是，对许多研究人员来说，这些获取更多统计技能的途径目前还不足以让他们安全地对收集的复杂数据集进行统计分析。

统计推理的典型特征之一是遵循严格的逻辑。另一个特征是，统计推理需要从不确定性的角度思考概率问题。最后一个特征是，计算结果往往是无法预测的，甚至是反直觉的。逻辑、不确定性和反直觉共同构成了一道难以消化的菜肴。在下文中，我将举几个例子，来说明在处理概率、分布和多元数据时所特有的逻辑性、不确定性和反直觉性。你会发现，这些问题的答案不仅出乎意料，而且完全不可理喻。举例之后，我将大量引用阿莫斯·特沃斯基（Amos Tversky）和丹尼尔·卡尼曼（Daniel Kahneman）的研究成果，来解释为什么统计是困难的，即使对统计学家来说也是如此，以及为什么举棋不定的研究人员在分析数据时最好咨询统计学家。最后，我将解释向专家请教是避免有问题的研究行为的有效方法。

统计是困难的

我将讨论两个有反直觉解法的简易概率问题。在每个问题之后，我将讨论现实中的统计问题，这些问题具有一些共同的形式特征，并反映了研究人员在数据实践中遇到的一些问题。这些例子有助于澄清统计的误导性。

生日问题

第一个例子是生日问题，这个问题在概率入门课程中众所周

第6章 有问题的研究行为的原因

知。从总体中随机选择23人,除了2月29日之外,至少有两人生日在同一天的概率是多少?现在,重要的是你不要马上往下读,而是先试着给出答案。你很可能会发现这个问题很难解决,于是根据你对问题的理解进行猜测。我预测,许多读者会说概率很小,相当接近于零。毕竟,一年有365天,而23个人比365天少得多。事实上,概率略高于0.5。这是一个相当大的概率,与掷一枚均匀的硬币得到正面(或反面)的概率相当。如果房间里的人数是50人,那么概率等于0.97。这意味着相对于365天而言如此之少的人数,几乎不可避免地会发现至少有两个人的生日在同一天。需要注意的是,这个问题的解释并不能给很多人带来启示。这就是我要说的典型观点:即使你知道了答案,甚至知道了获得答案的方法,答案看起来仍然很神秘。正式的解决方案如下:

我将n个人的生日排列在一个由23个条目组成的数组中,每个条目都是一个日期。对于每个不同的随机样本,我得到的结果类似下面:

1月23日	10月28日	5月2日	5月8日	12月12日	……	4月8日

需要注意的是,在一个数组中某些日期出现的次数可能更多,我们正是要计算出现这种情况的概率。假设所有日期出现的概率相同,且不包括2月29日,那么像我们的例子这样的数组有

$T=365^n$ 个。每种结果都有相同的概率。为了方便计算，我把生日问题"反过来"，问没有两个（或更多）人的生日在同一天的概率，即n个人的生日在n个不同日期的概率。对于第一个人来说，有365个不同的日期，对于第二个人来说，除了第一个人的生日外，还有364个日期，以此类推。因此，包含n个唯一日期的不同结果数为 U=(365)(364)(363)…(365 − n + 1)，没有两个人同一天生日的概率 P 等于U/T。对于n=23，我们发现 $P < 0.5$，因此回到原问题，该组中至少有两个人的生日在同一天的概率超过0.5。对其他n值的计算也遵循同样的推理。

这个例子清楚地表明，事件发生的概率可能比人们预期的要大得多，而我的经验是，当人们最初的直觉告诉他们事实并非如此时，他们会觉得难以相信。即使面对计算结果，最初的直觉似乎也比理智更强大。在统计学中，概率起着主要作用，通常与期望不同。在这个例子中，战胜直觉的关键在于认识到我们不能将23人与365天进行比较，也就是说，不能将23和365这两个数字进行比较，而是要比较独特的成对人数。有J人，就有 $\frac{1}{2}J(J-1)$ 个唯一对。你可以通过列举J=3、4等的唯一对来验证这一点。对于23人，一共有253个唯一对。生日问题中概率的实际计算比253除以365要复杂得多，而且很难凭直觉找出答案。

你可能会认为生日问题是一个人为的例子，主要是作为一个谜题，说明人们对概率的理解是多么肤浅，但却没有实际意义。然而，我认为，这类问题令人信服地表明，逻辑推理问题是我们面临的最难的问题，我们应该毫无保留地承认这一点。几乎每个人都在与这些问题作斗争。此外，正如从第4章延伸出来的下一个例子所显示的那样，这个问题的逻辑可以直接推广到日常统计中。

多重假设检验

我用23个变量代替23个人，然后问，当所有真实相关系数都为零时，你期望会有多少显著的相关关系。我们在第4章的25个0/1分算术题中已经考虑过这个问题。23个变量共有253个相关系数，在显著性水平 $\alpha=0.05$ 并假定独立的情况下，我预计样本中有 $253\times0.05=12.65$ 个相关系数显著不同于0。在整个样本中，我预计平均值为12.65（另见表5.1，25个变量）。为了使示例更贴近"生日"问题，我计算了找到至少一个、两个、三个等显著结果的概率。如果我把显著的结果定义为成功，那么我相当于进行253次试验，每次试验的成功概率 $\alpha=0.05$。在n=253次独立试验且成功概率为0.05的情况下，X=x个显著结果的概率服从二项分布，我用正态分布对其进行近似，具体可参见附录6.1。表6.1显示了 x=1,……,24 的结果。[1]

从表6.1中，我得出结论，发现7到18个显著相关系数并不奇怪，即使所有真正的相关性都为0，除非你预期没有任何关系，并发现这一结果是值得的。即使所有真实相关系数都为0，样本结果也会给我们很多机会去推测我们没有预料到但现在看起来很有趣的关系。鉴于所有真实相关系数都等于零是不太可能的,我预计在实际研究中,显著结果的数量要多于 13 个。

表 6.1 在 α=0.05 时至少发现 x 个显著相关系数的概率

X	概率	X	概率	X	概率	X	概率
1	0.9998	7	0.9620	13	0.5173	19	0.0458
2	0.9994	8	0.9313	14	0.4032	20	0.0241
3	0.9983	9	0.8844	15	0.2968	21	0.0118
4	0.9958	10	0.8182	16	0.2055	22	0.0053
5	0.9906	11	0.7324	17	0.1334	23	0.0022
6	0.9804	12	0.6300	18	0.0809	24	0.0009

登上月球

这里还有另外一个明显是人为设计的问题,但对于数据分析师来说却具有实用性。把周六出版的全国性报纸(假设厚度为 1 厘米)对折,然后再对折,继续对折。什么时候这叠纸的厚度会达到从这里到月球的距离?显然,在实践中你不可能做到这一点,因为折叠很快就会变得物理上不可能,但重要的是思维训练。我再次请读者先试着给出答案,就像之前的练习一样,我希望你们中的许多人都能根据自己对问题的最佳理解来猜测答案。这一次,我预测很多读者会说,鉴于报纸的厚度和到月球的距离，折叠报纸的次数必定非常多。由于月球轨道是椭圆的，到月球的距离在两个极端值之间变化，平均值等于 384,450 千米或 38,445,000,000 厘米。事实上，我们必须折叠报纸的次数非常少：折 35 次或许太少，但折 36 次就足够了，我也知道这些并不能帮助你理解这个问题（"既然你提到了，我明白了……"）。这个问题的正式解决方案如下。

你可能会想到 25 个 0/1 分算术题的得分模式数量问题（第 4 章），事实证明它的数量非常庞大，准确地说，是 2^{25}=33,554,432。从一个有两种结果的问题开始，再增加一个问题，产生四种总共有两个 0 和 1 的得分模式，再增加第三个问题，产生八种三位数的得分模式，以此类推。问题在于，每增加一个问题，可能的得分模式就会增加一倍。这种机制正是可以用来解释折叠报纸的：每对折一次，报纸的厚度就会增加一倍。第一步，1 厘米变成 2 厘米。第二步，2 厘米变成 4 厘米。然后，第三步是 8 厘米，第四步是 16 厘米，以此类推。经过 x 次折叠后，厚度等于 2^x 厘米。现在的问题是，x 取何值结果是 38,445,000,000，即以厘米为单位的到月球的距离。因此，问题可以写成根据 2^x=38,445,000,000 求解 x。折叠的次数没有精确的整数解，人们会发现 35 次太少，而 36 次又太多。只要计算 2^{35} 和 2^{36}，你就会明白。

多元数据中的指数增长

如果研究一个变量，可以考虑它的分布和分布的特征，如均值、方差、偏斜度（分布是否偏向一侧多于另一侧）、平坦度或峰值（也称为峰度）。由于许多变量都是离散的，而且大多数样本量相对较小，因此从数据中得出的分布都是直方图形式。直方图中条形的高度代表对应值的频率。离散变量的一个例子是以年或其他单位表示的年龄。单位的选择取决于研究人员的意图和研究问题的要求。对于许多研究问题来说，用年来表示年龄就足够了。许多统计方法将变量视为连续的，即使它们是离散的。例如，常用的因子分析方法（如 Pituch & Stevens，2016）假定变量是连续的，但也常用于离散数据。一个常见的例子是问卷中的评分量表问题，通常只有五个有序的答案类别，分别为1、2、3、4、5分，表示对某一陈述的同意程度渐高（Dolan，1994）。

如果同时考虑两个或多个变量会怎么样？目的是从变量的联合分布来研究变量之间的关联。对于幸福感和收入这两个变量来说，联合分布看起来就像一座小山（图6.1），两个变量的值位于正交维度（如长和宽）上，值的组合频率表示为高度。从高处俯瞰小山，可以看到小山的走势。例如，图中的山顶表明，收入与幸福感之间存在正相关；幸福感往往随收入增加而增加。这并不意味着收入的增加会让人更幸福，更不意味着幸福感会带来更高的收入。它只意味着这两个变量往往同时增加。我们还可以提出

第 6 章 有问题的研究行为的原因

一些更复杂的问题,例如,收入与幸福感之间的关系是否会随着城市化程度和宗教信仰的不同而变化。当涉及两个以上变量时,直接观察联合分布或多元分布会变得困难,但使用多元统计方法可以通过代数运算顺利地解决这个问题。我将讨论一个有四个变量的小例子,以说明其中的一些困难。

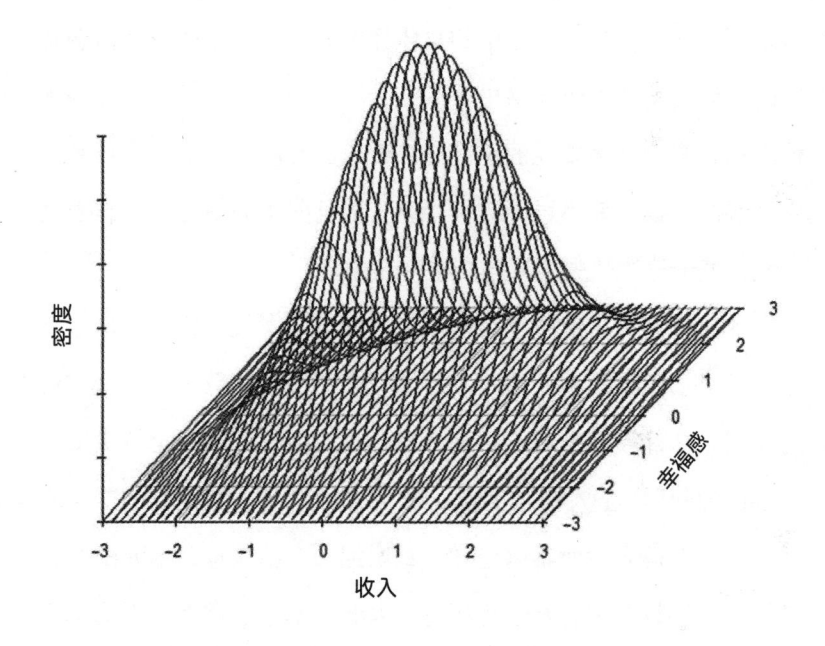

图 6.1 幸福感和收入的二元分布示例

除了收入(假设为 6 个有序类别)和幸福感(假设为 5 个有序类别),我还考虑了城市化程度(假设为 4 个有序类别,基于每平方英里[①]的人口数量）和宗教（假设为5个无序类别）。将这四个变量交叉起来，就得到了一个四维交叉表，其中有6×5×4×5=600个单元格，每个单元格代表四个分数的独特组合。每个人都有四项得分，并且只在一个单元格中，因此每个单元格中需要600个人才能观察到一个结果。显然，有些单元格比其他单元格更普遍。例如，在荷兰，不同宗教团体的人口占比差异很大。显然，对于现实中的总体样本量而言，许多单元格会是空的，而其他许多单元格中只有一个或几个观测值。空单元格和低频单元格给许多重要的统计方法带来了问题。如果没有巧妙的统计解决方案，就不可能进行计算，对某些量的估计就会缺乏精确性，若干群体缺失会导致结果存在偏差。

现代统计学在建立复杂的模型方面投入了大量精力，这些模型基于对抽样模型和变量分布的假设来"平滑"数据。这些方法的作用是在计算模型时不出现严重错误，但并不能完全解决交叉表空白的问题。这个例子说明，作为多元统计方法核心的交叉表很快就会变得太大而难以处理。每增加一个新变量，单元格的数量就会呈指数增长。这也意味着，除非样本量非常大，否则交叉表会错误地反映许多组别。即使进行了分层，样本量也必须非常大，才能为每个组提供足够的观测数据。该示例展示了交叉表中单元格数量随着变量数量和单变量类别数的增加而呈指数增长，

[①] 1平方英里约等于2.59平方千米。——编者注

并且指数增长的速度非常快。

直觉主宰，理性推理落后

在我的职业生涯中，每当遇到有问题的研究行为时，我常常想知道它们背后的成因。除了猜测之外，我从未彻底弄清过这个问题。统计人员之间经常谈论他们在日常咨询中遇到的统计问题。除了我自己发现的研究人员所犯的错误之外，这些讨论还告诉了我很多关于同事经验的信息，但很少告诉我研究人员为什么会犯这么多错误，而且似乎对统计学的误解如此之深。研究人员似乎低估了统计方法和统计推理的难度。我把自己的职业生涯都献给了统计学，但仍然觉得它很难，那么不同的、非统计学研究领域的专家们怎么能不更加谨慎呢？有一次，一位来自其他学科的同事请我阅读他指导的博士生撰写的概念章节，并请我提出意见。这个题目与我的专业技能高度契合，而当我读完这一章时，看到的大量错误甚至失误让我感到震惊。为了谨慎表达观点且不冒犯对方，我仅就一些一般性问题提出意见，并表示愿意提供帮助。然而，这位同事再也没有提及此事，也没有回应我的反馈，我决定就此作罢。也许我应该责怪自己，但当这篇博士论文发表后，我发现几乎所有我指出的严重问题仍然存在。

为什么我的同事拒绝了我的帮助？也许他只是想得到我的鼓励和认可，而不是我的意见，更不是我的参与。也许是我说错了话，我不知道。我记得当时我在想，为什么他要冒这样的风险，让他的博士生蒙混过关呢？他和他的博士生都不是统计学专家，而我，至少是一个经验丰富的应用统计学家，发现他们所做的事情有困难并愿意提供帮助。这样的经历积累了很多年，但后来斯塔佩尔事件成了我思考笨拙统计的催化剂。我于前一年9月，2012年夏天，开始担任院长，当时我正在度假，同时也在考虑这件我已经努力处理了十个月之久的事情。一天晚上，我开始写下我咨询失败的经历以及所涉及的统计问题，并试图理解发生了什么。我当时已经阅读了一些关于有问题的研究行为的文献。在接下来的几个月里，我多次改写了自己的结论，并开始向渴望了解更多情况的听众介绍结果。我请许多来自不同背景的同事阅读了论文的各版草稿并提出意见，但我一直觉得我的故事不完整，没有超越传闻逸事的水平。问题在于，我无法对研究人员频繁出现的冒险行为做出令人信服的解释，而这恰恰是让论文值得一读的必要条件。2013年春天，斯塔佩尔事件最荒诞的部分已告一段落，我在机场书店选了一本书。登上飞机后我开始阅读，很快就停不下来了。丹尼尔·卡尼曼（Daniel Kahneman）的《思考，快与慢》(*Thinking, Fast and Slow*)一书的前几页恰好就是我前几个月一直在寻找的东西。

特沃斯基和卡尼曼（1971，1973，1974；Kahneman & Tversky，1982）提出并验证了一些与统计推理相关的观点，为了更快理解这些观点，让我们再来看看生日问题。我们思维运作的一个普遍

第6章 有问题的研究行为的原因

原则是，它有一种理解世界的强烈倾向，即使这种理解来自正确或不正确的不完整的信息。主要目的是构建一个关于特定现象的合乎逻辑的故事，而不一定是一个正确的故事。这些过程的一个特点是，我们不会主动去寻找更多的信息，而是直接利用现有的信息。所有这一切都是自发发生的；给我们一个特定的刺激，比如一个问题，我们大脑的相关记忆就会无意识中被激活，并很快得出一个结果。这个结果可能是合理的，也可能是不合理的，或者介于两者之间。最重要的是，我们对结果感觉良好。简而言之，这就是我们的"系统1"在运作。系统1是一个比喻，指的是在我们不知不觉中采取的一系列扩散性思维过程和操作，其本质可被视为直觉。系统1快速而不准确。我们必须明白，我们每个人都无一例外地使用系统1作为直觉刺激的第一反应。这样做会犯很多错误，但在日常生活中的大多数非关键场合，做出基本适当的反应就足以让你度过一天，而不会发生大问题。我们整天妄下结论，浑浑噩噩过日子。

因为一开始，我们总是凭直觉做出反应，所以你也会通过激活系统1，也就是你的直觉，来应对统计或其他形式的问题。为了理解生日问题为何如此困难，以下是在面对生日问题时通常会发生的情况。你阅读一个问题。只有当问题非常简单时，你才会直接给出答案；否则，你就会启动"系统1"。生日问题非常难。这意味着你会跟着直觉走，匆忙下结论。目标是一个合乎逻辑的故事，而不是一个正确的故事。有趣的是，直觉通过两种方式起作用：

- 基于**启发**；这种直觉会让你启动认知自动机制作出反应，用一个更容易回答但错误的问题取代难以回答但正确的问题。这就是替换过程。这让系统1感到满意，因为它给出了答案，但却让你走上了错误的道路。系统1对此并不在乎。

- 基于**经验**；这让你在开始思考一个有理有据的答案之前，就已经做了大致正确的反应。经验是一种自动预警机制：你不知道如何解决这个问题，但直觉告诉你这可能很难。这可能会产生推迟反应的效果——你停下来并仔细思考问题，虽然不能保证一定成功。

思考问题不是系统1而是系统2的职能。系统1是你的自动驾驶仪，而系统2则意味着艰苦的工作和大量的努力。系统2可以处理复杂问题并进行理性分析，但这种能力并不是天生的。卡尼曼（Kahneman，2011，第20页）举了一个算术题"17×24"的例子，这个算术题代表了我们头脑中所能处理的最大限度。系统1告诉你这是一道乘法题，你可以解决它，且123和12,609不可能是正确答案，但当你看到368时，你无法确定这是不是正确答案。你可以强迫自己心算，但这需要花费很大的精力，因为你必须记住乘法运算方法，在短时记忆中保留大量的中间步骤，跟踪中间结果，并按顺序执行多个步骤来得出结果。你必须投入精力有条不紊地完成所有这些工作。即便如此，也不能保证得到正确的结

第 6 章 有问题的研究行为的原因

果；你可能会出现计算或记忆错误，甚至使用错误的解题策略而误入歧途。当问题太难而无法心算时，你可以使用草稿纸或计算器，但即便如此，你也可能因操作失误得出错误的答案。系统2的运行方式显得更有序，似乎能控制并纠正系统1的错误直觉。然而，事实并非如此。系统2更像是你一个偶尔的备选，如果系统1提出的解决方案足够令人信服，即使不一定是正确的，系统2可能根本不会被激活。让我们回到"生日"问题，看看这是如何运作的。

生日问题是：

> 随机选择23人，其中至少有两人生日在同一天（2月29日除外）的概率是多少？

因为这是一个极其困难的问题，所以乍一看，没有人能够马上知道答案，这一点也不足为奇。如果你能给自己一个机会，坐下来试着理性地解决这个问题——也就是使用系统2，那么情况仍是如此。几乎每个人都在不知不觉中屈服于"系统1"，因为"系统1"是一个启发式过程。具体来说，"系统1"会用一个你知道如何回答的更简单的问题来代替难题。例如，你可能会回答这样一个问题：

> 我认识生日在同一天的人吗？

很可能立即给出的答案是：没有（或……只有一对……）；因此，相关的概率很小。也许你在家里或工作单位有一本生日日历，而你从记忆中检索到的几页日历上的即时图像显示，大多数名字是分散出现的，很少在相同的日期集中出现。同样，给出的答案是否定的。你可能认识到了启发式替换法的强大。对于复杂程度超过"17×24"的大多数问题或难题，你都没有现成的正确答案。对于你的认知机制来说过于困难的问题或难题，替代法可以为你提供答案。因此，启发式直觉会接管思维并为你提供一个与原问题相似但不同的问题的答案，让你感觉良好和自信，而不会激活系统2，让自己陷于漫长、费力和不确定的寻找正确答案的过程中。

统计学家如何将自己与基于启发式的直觉运用区分开来，或者说这真的能做到吗？不要期待英雄的故事。当遇到生日问题时，作为专家的统计学家会不假思索地看出问题中的线索，从而获得存储在记忆中的信息，并通过这些信息得出答案。在生日问题上，线索可能是简单地意识到这种问题从来不是显而易见的，它有几个层次，而且具有欺骗性。另一个线索是，你必须考虑两个一组的人、三个一组的人、四个一组的人等等，而这是复杂的，结果也是不可预测的。这些可能性表明，答案不一定是最终的和正确的。为了解决问题，统计学家必须进入系统2。关键在于，专家识别出了一些让他保持谨慎的特征，尽管无法立即解决问题。

第6章 有问题的研究行为的原因

这里的突破性见解是，直觉是一种识别，而不是某些人认为的某种魔法。但是，为什么专家可以识别，而其他人却不行呢？这个问题并不完全准确，但更恰当的问题应该是非专家也能识别问题中的线索吗？答案是肯定的，但不同的问题和线索需要不同程度的训练。如果你曾经被狗咬过，看到一只不认识的狗向你跑来时，即使未经任何思考，也会迅速做出情绪化的反应。这种对狗跑来的视觉感知，足以让你从记忆中检索出快跑或类似的线索（尽管可能并不高效）。这种简单的情况对应着一种简单的线索，不需要花费脑力就能从记忆中检索出来，但生日问题却非常复杂，可识别的线索是多年研究和使用统计的训练结果。

统计学家是处理概率、分布和抽样的专家，尤其熟悉即使少量变量也会产生大量不同模式的反直觉结果，统计学家也具备基于经验的直觉能力。通常情况下，这种直觉可以作为一个警告信号，要求研究人员后退，多花点时间，不要匆忙下结论；也就是说，要求寻求咨询的研究人员多花点时间来全面考虑问题。每个向统计学家寻求帮助以解决棘手的统计或数据分析问题的人都一定会注意到，专家会问你很多问题，且在第一次见面时很少提供解决方案。提出大量的问题是为了帮助专家理解困难和问题，并确定对问题的回答是否能解决问题，或者当你提出的问题不完全恰当时，是否换一个问题就足够了。不立即给出答案说明问题很难，需要时间来理解，而要求中场休息则意味着统计学家需要时间来启动系统2。统计学家无法仅凭直觉解决问题，他必须深思熟虑，投入大量精力，有条不紊地开展工作，而这种工作方式可能需要设计，因为它不是标准的。如果工作量过大、解决方案错误，或者仅仅是"感觉良好"从而满足了系统1，那么所有这些都可能失败。系统2不是灵丹妙药，除了速度慢，还很懒惰。

这是否意味着，没有受过统计训练的研究人员就没有足够的智慧使用统计来分析他们的数据？答案是否定的。他们只是在理解和使用统计方面缺乏经验。尽管很多研究人员在攻读学士和硕士学位期间接受过基础统计学和数据分析方面的培训，但所学知识只是基础的，并不能使他们成为统计学专家。你对统计工具箱中的统计工具有基本的了解，但这并不能避免你在选择统计方法和使用这些方法分析数据时出错。为此，你需要统计思维方面的经验。与所有形式化和逻辑思维一样，统计思维也是困难的，往往由复杂的过程驱动，常常产生反直觉的结果。当你没有意识到自己在使用统计时（即便仅作为辅助）缺乏必要的经验，至少没有意识到使用统计如履薄冰的时候，意外就会发生。这些意外可能以有问题的研究行为的形式出现。系统1的特征之一是人们对自己无意识接受的解决方案过于自信，而且不愿意修改这些解决方案。为此，你需要系统2。

如果说有什么关联的话，那就是当系统1处于控制地位，由启发式直觉决定问题的解决方案时，就会出现有问题的研究行为。系统1也控制着统计学家的思维，但经验使他们有可能找到刹车机制，在接受解决方案之前，通过经验直觉争取思考时间。

之后，系统2启动，但不能保证成功。系统1无须刻意采取行动，而系统2需要。有趣的是，系统2也是学术不端行为的多发地。很难想象，一个人不是出于故意而是在无意识中捏造或篡改数据或抄袭。在涉及学术不端行为时，没有意识到自己在做什么是不可思议的。系统1只是运行，不涉及动机，但系统2涉及动机。

我注意到，"系统1"和"系统2"，或者说"快速思维"和"慢速思维"之间的区别，很容易让读者产生混淆，甚至产生抵触情绪，认为我在暗示"系统1"在解决问题时总是失败，而"系统2"总是成功。在此我重申核心观点。系统1可以帮助我们应对日常生活和职业生涯中遇到的各类情况。具体分为两种情况，第一情况是无需费力的常规场景，例如在超市购物、骑自行车或驾驶汽车。第二种情况是，由于缺乏知识和经验，我们没有立即可用的解决方案。此时，系统1提出的解决方案是合乎逻辑的，不一定正确，但有望接近正确且实际上有用。然而，拥有涉及更复杂情况的知识和经验的人可能会有不同的反应，因为对相关问题特征的识别会激活系统2，从而利用专业知识作出正确的反应。遗憾的是，系统2并不能保证成功，因为它速度慢、懒惰、需要大量精力，而且往往依赖于速度快、活力足的系统1。当遇到更复杂的统计问题时，缺乏知识和经验的研究人员会陷入系统1，从而误入歧途。此时，他们需要一点帮助。

在前几章中，我提到现代科学的极端竞争性作为一种环境压力，促使部分研究人员做出了有问题的研究行为。他们这样做并不是因为他们想这样做，而是因为很多事情都取决于在顶级期刊上发表大量文章、获得大量研究经费以及指导大量博士生（Miedema，2022）。对于年轻人来说，终身教职往往取决于这些成就，而对于资深研究人员来说，更多的文章、更多的经费、更多的同事、更多受赞助的特邀讲座、更容易接触到分配资金的关键人物和机构、更大的名气、同事的钦佩以及卓越奖项，都取决于高科研产出。有人可能会说，科学成就通常会产生这种投资回报，我同意这种说法。好的成果理应获得认可。但本书关注的问题是，当非专业人员在数据分析中无法绕过统计学时，激烈的竞争会对统计学的使用产生什么影响，而与此同时，统计学又是困难的，结果是反直觉的，不断误导研究人员的系统1。当你面临压力去做一件你并不擅长的事情时，有问题的研究行为就是不可避免的了。

在过去的十年中，我曾在多个国家为学术界人士举办过数次演讲，演讲内容与本书的结构如出一辙。我通常会以一些有关学术不端行为的亲身经历作为开场白，而斯塔佩尔的案例总能吸引听众的注意力。当然，老调重弹的目的是为一些信息让路，我希望听众能够认识并认可这些信息。我注意到人们很喜欢个人经历，并饶有兴趣地倾听关于统计思维如何误导我们几乎所有人以及不合理的绩效压力可能被视为有问题的研究行为的原因的内容。不过，我也注意到，每次会后的讨论都很少涉及研究人员未能正确使用统计的问题，而是涉及有关学术不端行为和有问题的

第6章 有问题的研究行为的原因

研究行为的其他所有方面,以及我们如何与它们作斗争。

卡尼曼(Kahneman,2011,第215—216页)提到了一个案例,他对25名财务顾问7年里每两年的业绩排名进行了相关分析,发现平均相关系数为0.01。他认为这证明了没有长久的技能,而是运气决定了排名。在向高管和顾问们介绍结果时,他们的反应并不是不相信,而是似乎没有领会到其中的含义。卡尼曼的结论是,高管和顾问们对自己的技能抱有非常坚定的信念,与他们的信念相悖的研究结果无法动摇他们的看法。我推测,对于研究人员来说,也存在同样的机制,如果有人说在缺乏专业背景的情况下使用统计极易引发有问题的研究行为,那么这种解释会被听取,但不会被相信。毕竟,这个观点关系到我们所有人,而且是痛苦的,系统1会立即提出可能的替代解释,为自己的立场辩护。有趣的是,研究人员很容易接受极端的工作压力是有问题的研究行为的成因,也许是因为这种原因是情境性的,不属于个人。我非常同意这一点,并认真对待有问题的研究行为的外部成因,但我们的思维运作也是导致有问题的研究行为的内部成因之一,外部和内部成因的结合是我们必须认识和解决的有毒混合物。

幸运的是,我遇到过不少精通统计的研究人员。他们都对统计学以及往往与其主要专业没有直接关系的其他课题有着浓厚的兴趣,我希望他们能将天赋、勤奋和训练结合起来,成为跨领域的专家。我还遇到过不少研究人员,他们认识到自己的局限性,承认自己不可能在所有领域都成为专家,因此他们会主动向认识的统计学家寻求建议和合作。然而,统计是困难的,会不断产生反直觉的结果,研究人员还没有获得谨慎应对的经验,更糟糕的是,我们的大脑根本不容易接受真相,而是试图制造一个合乎逻辑的故事,让我们感觉良好,并压制专注、集中和努力,上述因素共同加剧了问题。许多研究人员并不是统计学家,他们经常无法正确使用统计,却从来没有意识到。让人感到安慰的是,像我这样的统计学家也始终觉得统计很困难。

启 示

许多研究人员只是将统计作为辅助技能使用,并没有意识到他们必须处理逻辑严谨性、不确定性和反直觉等问题。这种认知缺失低估了经验的重要性,造成了有问题的研究行为。

外部因素通过要求研究人员发表大量文章、申请巨额经费和招收博士生来提高他们的竞争力,进一步加剧了因缺乏统计技能而导致的有问题的研究行为。

疑问:想象一个研究人员能够很好地掌握统计和数据分析的世界。有问题的研究行为还会成为问题吗?

附录 6.1：二项概率和正态近似值

在 n=253 次、每次成功概率 α=0.05 的独立试验（这里是对 253 种不同的相关系数进行 253 次不同的统计检验）中，x 次成功（这里是显著的相关系数）的概率等于：

$$P(X=x \mid n, \alpha) = \binom{n}{X} a^X (1-\alpha)^{n-x} = \binom{253}{X} \times 0.05^X (1-0.05)^{253-x}$$

其中 $\binom{n}{X}$ 是二项式系数，表示 n 次试验中出现 x 次成功的不同模式的数量，其中，1−α 是失败（即不显著的相关系数）的概率。我计算的是至少观察到 x 次成功的概率，等于观察到失败次数不超过 n−x 的概率。对于第一种概率，我需要计算 x、x+1、x+2、……、n 的概率并求和，从 x=1 开始，这意味着要计算 1、2、3、……、253 的概率；也就是说，要计算 253 个概率并将它们相加：

$$P(X \geq 1 \mid n=253, \alpha=0.05) = \sum_{X=1}^{253} \binom{253}{X}(0.05^X)(0.95^{253-X})$$

这就是发现至少一个显著相关系数的概率。或者，我计算观察到 0 次成功的概率，然后用 1 减去该结果，即：

$$P(X \geq 1 \mid n=253, \alpha=0.05) = 1 - P(X=0 \mid n=253, \alpha=0.05) = 1 - 0.95^{253}$$

后一种方法当然比前一种方法省事，而且得出的结果相同，但两者都受到大n和小α给计算带来的不便影响[尽管使用笔记本电脑或智能手机上的计算器很容易得出最终结果非常接近1。输入0.95，按x^y键，然后输入253，计算结果为$0.95^{253}≈0.000002312$，接近于0。因此，$P(X ≥ 1 | n=253, α=0.05)≈1$，表明你很难避免找到至少一个显著的相关系数]。

这里使用的二项分布可以用正态分布来近似，该正态分布的均值$μ=nα=12.65$，方差$σ^2=nα(1-α)=12.0175$，标准差$σ=\sqrt{12.0175}≈3.4666$。不详细展开，接受这种正态分布很接近二项分布的前提下，我得出了与$P(X>x-0.5 | μ=12.65, σ=3.4666)$所对应的正态曲线下的面积。从x中减去0.5即为连续性修正。因此，对于x=1，我使用标准分数：

$$z=\frac{(x-0.5)-μ}{σ}=\frac{0.5-12.65}{3.4666}≈-3.5049$$

标准正态分布表显示$P(Z > -3.5049)≈0.9998$，接近于1。与精确计算的差异是离散二项分布的连续正态近似造成的，但这个细微差别我们暂且忽略。

注　释

1 我使用R统计软件包计算了正态曲线下的面积。

第 7 章

减少有问题的
研究行为

如果你问统计学家如何减少有问题的研究行为的发生,他很可能会提出一个统计解决方案。这并不是说统计学家思想狭隘或统计解决方案没有意义。我只是想说,专业人士倾向于提出自己擅长领域的解决方案。例如,教师可能会建议加强统计学教学,大学管理者可能主张让研究人员参加有关道德、诚信的课程和改进博士生指导。所有这些措施都有助于提高科学活动的质量,但未能解决科学研究的一些关键问题。这些问题包括研究的设计和实施在方法上要合理,数据的统计分析要正确,而所有这一切最好都在完全公开的环境中进行。作为开放式研究文化一部分,我已经讨论过研究计划中的预注册问题。

本章我将讨论旨在改进统计数据分析的一些建议,以期在可能的情况下减少有问题的研究行为,并对这一行动方案可能存在的乐观态度保持审慎态度。我还评论了加强统计学教学的建议,以及减少有问题的研究行为的情境影响因素(如绩效压力和发表偏倚）的尝试。最后，我提出了我认为最有效和最高效的行动建议：公开数据和研究细节，包括预注册，以及寻求统计咨询。

可能无效的建议措施

另一个 p 值？

近年来，统计学家大都认为，统计检验的 p 值（表示在零假设成立的前提下，获得至少与数据结果一样极端的概率）是研究人员误用统计方法的罪魁祸首。在前几章中，我讨论了"P值操纵"，即通过优化数据分析条件以降低 p 值，从而提高发现显著结果概率的行为（Ulrich & Miller，2020；Wicherts et al, 2016）。本杰明、伯杰、约翰内松、诺塞克、瓦根马克斯等人（Benjamin, Berger, Johannesson, Nosek, Wagenmakers et al., 2017）并没有过多地关注 p 值操纵，而是声称普遍使用的显著性水平 $\alpha=0.05$ 将新发现的标准定得过低，并建议改用更严格的 $\alpha=0.005$。在许多研究中，较小的显著性水平支持更高的贝叶斯因子（下一节将讨论），从而有利于备择假设。较小的显著性水平还能降低假阳性率，这里的假阳性率指的是被拒绝的真零假设在被拒绝的真零假设和假零假设总数中所占的比例。在复现研究中，如果最初的研究使用了较小的显著性水平，作者声称显著的结果具有更高的成功率。其他不良影响可以通过将检验功效保持在$1-\beta=0.8$来控制,这意味着将平均样本量增加70%。

作为对本杰明等人(Benjamin et al., 2017)的回应,拉肯斯、阿多菲、阿尔伯斯、安瓦里、阿普等人(Lakens, Adolfi, Albers, Anvari, Apps et al., 2018)反对"一刀切"的p值标准。他们注意到,在"开放科学合作(the Open Science Collaboration, 2015)"项目中被选中进行复现的47项$p \leq 0.005$的结果中,有23项研究在复现后得出了$p \leq 0.05$的结果。这意味着它们不再像最初的统计检验值那样显著。我提醒读者注意第5章中讨论的均值回归效应,这种结果正是该效应的预测之一。本杰明等人(Benjamin et al., 2017)和拉肯斯等人(Lakens et al., 2018)都没有将回归效应视为复现结果令人失望的一种可能的、不充分的解释。而特拉菲莫、阿姆莱茵、阿雷申科夫、巴雷拉·考西尔、贝等人(Trafimow, Amrhein, Areshenkoff, Barrera-Causil, Beh et al., 2018)则讨论了这一点,并基于回归效应和其他影响因素,主张完全摒弃使用p值。我认为,拉肯斯等人在使用p值之外提出的建议更具价值——我将在讨论统计教育创新时再来讨论它们,而不是只关注p值的使用、误用和无用性的统计争论。具体来说,拉肯斯等人建议取消统计显著性标签(但不废除统计显著性本身),取而代之的是研究人员对其结果作出更有意义的解释,而不是简单地依赖于一个显著性水平。作者特别建议研究人员在收集数据之前,明确他们的设计选择,包括"α水平、零假设和备择假设、假定的先验概率、特定相关效应值的统计功效、样本大小和/或期望的估计精度……"这些选择和其他选择应通过注册报告的方式预注册（第5章）。

抛开可能的批评和偏好问题不谈，本杰明等人和拉肯斯等人分别从负责任的统计使用和研究注册政策的角度来看，提出的建议都是合理的和可取的。本书关注的问题是，这些建议是否会减少有问题的研究行为。如果你认真对待特沃斯基和卡尼曼（第6章）提出的见解，那么推荐的显著性水平等经验法则虽然有助于快速决策，但会阻碍慢速的理性思考。如果研究人员把 $\alpha=0.05$ 作为他们的指路明灯，忽略了他们可能根本没有意识到的所有缺点，那么就没有什么理由指望使用 $\alpha=0.005$ 会让他们采取不同的行动了。有人可能会说，仪式化地使用较小的显著性水平至少造成的损失较小，成功复现的概率较大，但研究实践可能更为复杂（Trafimow et al., 2018）。我预计，负责任地使用显著性水平或贝叶斯因子等替代方法，是经验丰富的统计学家和具备足够知识、技能和经验的研究人员的特权。我还预计，研究人员会以类似的方式使用不同的显著性水平，这对有问题的研究行为的发生几乎不会产生任何影响。使用 $\alpha=0.005$ 时发现的显著性结果较少，甚至可能会让人更为失望，从而促使人们寻找其他研究策略，不管这些策略会产生怎样的误导性结果（Amrhein & Greenland, 2018）。

我再次强调，我并非要质疑拉肯斯等人在预注册方面提出的建议是否有用，而是从减少有问题的研究行为的角度，评估他们的建议在研究实践中的可行性。我的观点是，从理论上讲，如果大多数研究人员都能按照拉肯斯等人建议，做出所有经过深思熟虑的、专业的设计和统计选择，那么人们可能会问，为什么研究人员不例行作出这些选择呢？最有可能的答案是，要正确作出所有这些决定，需要对统计程序有深刻的理解，而这需要从经验中学习。如果研究人员已经对统计学有了足够的了解，为什么拉肯斯等人还要通过注册报告来引入预注册呢？难道他们认为，掌握了拉肯斯等人所建议的统计学知识的研究人员，终究还是喜欢在没有事先承诺的情况下进行探索，把不显著的结果藏在办公桌抽屉里，指望期刊接受通过 P 值操纵得出的显著结果？也许他们中有些人（或很多人）是这样的，但我们无法得知。我认为，很多研究人员无法满足拉肯斯等人的期望，面对如此苛刻的要求，他们可能会对预注册望而却步，转而使用更舒适的盲目经验法则，完全避免预注册。

采用贝叶斯方法？

频率统计是本书的基础，也是迄今为止最流行的统计思维方法。贝叶斯统计至少有同样悠久的历史，在过去几十年中越来越受欢迎（例如，Van de Schoot, Kaplan, Denissen, Asendorpf, Neyer et al., 2014）。这两种方法最直观的区别是，贝叶斯统计法不进行零假设统计检验，而是使用与 p 值不同的标准来评估假设（例如，Gigerenzer, Kraus, & Vitouch, 2004；Wagenmakers, 2007）。我之所以要稍微谈谈贝叶斯统计，是因为一些作者（Krutschke, 2010；Wagenmakers, Marsman, Jamil, Ly, & Verhagen, 2018）希望研究人员使用贝叶斯统计能减少有问题的研究行为的发生，从而废除频率学派的零假设统计检验。我将讨论贝叶斯思想的核心理念，并思考它对减少有问题的研究行为的意义。有兴趣的读者可以在附录7.1中找到一些正式的背景资料。

频率统计遵循的逻辑是提出一个零假设，试图拒绝该假设以支持备择假设，而贝叶斯统计基于现有知识，从一个感兴趣的假设出发，评估新收集的数据是否会改变人们对该假设的信心。频率统计是没有记忆的，因此在检验每一个新的零假设时，都要把它当作是第一次有人收集到有关该主题的数据，并进行零假设检验。研究人员必须评估新结果在多大程度上与假设检验前的知识一致。与此相反，贝叶斯统计试图从经验中学习，考虑研究人员对该主题的已有知识和以前收集的数据，然后将这些知识与新证据结合，以修正知识状态。在统计学上，贝叶斯定理（附录7.1）将新旧证据联系起来。重要的是要认识到，在这种情况下，研究人员必须将其知识提供给检验程序，所提供信息的质量与新证据共同决定结果。

贝叶斯统计所依据的原则是，在你看到新数据（记为D）之后，你对假设（例如假设H）的信心，表示为条件概率$P(H\mid D)$，该概率取决于你在看到数据之前对假设的初始信心$P(H)$，用一个

表示假设条件下数据可能性 P(D|H) 相比于没有假设条件下数据的可能性（或所有可能假设的平均值）P(D) 的因子进行修正。条件概率 P(H|D) 称为后验概率，概率 P(H) 称为先验概率。贝叶斯定理将这四种概率联系起来：

$$P(H\mid D)=P(H)\frac{P(D\mid H)}{P(D)}$$

与你在进行新研究之前对假设的信心相比，新研究的结果可能会在两个方向上修正你的信心，或者对你的信心毫无影响。后一种情况是，假设不影响数据的可能性，校正因子——等式右边的分数等于1。在有假设的情况下，数据的可能性与没有特定假设时一样，因此信心没有任何变化。前一种情况是数据更有可能符合该假设，从而增加了你对该假设的信心；或者是数据不太可能符合该假设，从而降低了你对该假设的信心。在这两种情况下，新的研究改变了你对假设的信心。

一个有趣的问题是如何看待后验概率。当后验概率等于先验概率时，数据既不会增加也不会减少你对假设的信心。然而，数据总是会对先验概率产生至少一点影响——为什么会完全没有影响呢，一个无法回避的问题是，什么时候一个改变是够大的以及后验概率是具有实际意义的。什么时候你对一个假设有足够的把握，可以不再启动新的研究？统计不能告诉你这些。它只能总结，不能解释。解释是研究人员的特权，也是研究人员的责任。

第 7 章 减少有问题的研究行为

此时，研究人员的自由度就会大大增加：当研究过程主观性占据上风而不再客观时，任何事情都可能发生。

贝叶斯统计用贝叶斯因子替代频率 p 值。贝叶斯因子是关于同一现象的两个相互竞争的假设（H_1 和 H_2）的概率之比（记为 BF），其范围从 0 到 ∞。BF=1 表示 H_1 和 H_2 这两种假设对数据的预测效果相同，数据对两种假设的可信度没有影响。需要注意的是，贝叶斯因子是对假设进行比较，但这并不意味着假设完全正确，两种假设都可能是错误的。贝叶斯因子显示的是它们的相对预测能力，而不是它们的真实性。

这与频率学派的零假设检验有何不同？你可以说，零假设检验也要比较两个假设，即零假设和备择假设。没错，但没有人会相信零假设——为什么两个均值会完全相等呢？而备择假设是对不可信的零假设的补充，因此没有提供更多信息。除了这些考虑因素外，尽管显著性水平是一个相当主观的决策标准，但它有助于研究人员对 p 值做出判断，同样，也存在解释贝叶斯因子的经验法则。假设 BF > 1 表示 H_1 的可信度相对于 H_2 的可信度有所提高，而 BF < 1 表示其相对可信度有所降低。研究人员普遍采用卡斯和拉夫特（Kass and Raftery，1995）提出的规则：1 < BF ≤ 3：不值一提；3 < BF ≤ 10：相当可观；10 < BF ≤ 100：强有力；BF > 100：决定性。如果效果朝另一个方向发展，那么 [0，1] 区间的划分为：$\frac{1}{3}$ ≤ BF < 1，$\frac{1}{10}$ ≤ BF < $\frac{1}{3}$，$\frac{1}{100}$ ≤ BF

$<\frac{1}{10}$ 和 $0 < BF < \frac{1}{100}$，区间解释与上面相同。就像频率学派关于 α 值的争议一样，贝叶斯文献（如 Van Doorn, Van den Bergh, Böhm, Dablander, Derks et al., 2021）并没有就使用哪种准则达成一致，但我想说的是，准则对研究人员有帮助，否则他们可能无法解释自己的研究结果（Van Belle, 2008）。

对贝叶斯统计的适当讨论唤起了人们对评估研究成果的另一种方法的关注，但我的目的并不是建议研究人员使用贝叶斯统计而不是频率统计，反之亦然。鉴于频率学派和贝叶斯学派之间一直存在争议，更值得关注的是一些理论家似乎期望贝叶斯统计能够减少有问题的研究行为。不过，贝叶斯统计的支持者并没有忽视统计分析中的人为因素。例如，瓦根马克斯等人（Wagenmakers et al., 2018）指出，贝叶斯推断并不能防止恶意行为和统计误解。克鲁茨克（Krutschke, 2021）注意到，贝叶斯统计的应用与频率学派统计存在同样的弱点，即研究人员会剔除不利结果，从而产生有偏见的结果，科尼恩、范·德·舒特、温特和弗格森（Konijn, Van de Schoot, Winter, and Ferguson, 2015）将这种做法称为贝叶斯因子操纵（BF-hacking）。不过，科尼恩等人预计使用贝叶斯统计会减少发表偏倚的发生，而西蒙斯、纳尔逊和西蒙索恩（Simmons, Nelson, and Simonsohn, 2011）则预计使用贝叶斯统计会增加研究人员的自由度，从而增加出现错误结果的可能性。

与本书相关的问题是，使用贝叶斯统计能否杜绝有问题的研究行为。一些贝叶斯学家承认，贝叶斯统计法并不是减少有问题的研究行为的灵丹妙药。我同意这一观点，并参考了特沃斯基和卡尼曼的研究成果。人的"系统1"处理贝叶斯统计和频率统计的方法是一样的；也就是说，人们在遇到一个稍微困难的问题时，会用一个更容易但不同的问题来代替它，从而得到一个合乎逻辑的答案，但这个答案并不能解决最初的难题。只有凭借经验，才能认识到困难的问题不是说解决就能解决的，需要付出耐心和毅力。许多入门教材热情洋溢地推广贝叶斯思维，但其中一些似乎低估了所涉及的高阶理性推理，自动将实际解决方案推向了系统1的领域。我强调，这与频率统计的理性推理并无不同。两种方法殊途同归。

更多的统计教育？

一些作者强调了提升学生统计技能的必要性（例如，Garfield, 1995; Greenhouse & Seltman, 2018; Lovett & Greenhouse, 2000; Moore, 1997; Wild & Pfannkuch, 1999）。加尔（Gal, 2002）以及约翰森、丘赫罗娃、施马尔和斯塔贝诺（Johannssen, Chukhrova, Schmal, and Stabenow, 2021）在数据科学时代的背景下，从公众和媒体对统计理解的更广泛视角探讨了统计素养问题。受斯塔佩尔事件的启发，阿森多尔普夫、康纳、德·弗鲁伊特、德·霍韦尔、德尼森等人（Asendorpf, Conner, De Fruyt, De Houwer, Denissen et al., 2013）提出了提高学生统计技能的三大主题。首先，统计课程需要强调开展方法上严谨的研究，而不是追求可发表的研究。其次，课程需要教授促进可复现研究所需的统计概念，如功效分析和效应值与标准差的关系，并进一步阐明非显著性研究结果的价值和实现复现的难度。教师需要弱化基于单项研究的简单的无重复性的显著性检验。此外，课程需要鼓励透明度，如通过数据和分析脚本的存档来实现，并让学生在实验背景下自己进行复现研究。最后，统计学课程应鼓励批判性思考，训练学生对已发表的文章提出批判性问题，并留意讨论复现研究和不可复现研究的文章。针对多项研究（指对同一问题或主题进行的多次研究）应弄清统计功效和抽样理论等概念。教师应阐明反复检验、在两次检验之间扩大样本直至显著、数据捕鱼和无理剔除案例以及 p 值操纵的伎俩，对统计结果有效性的不良影响。谁会不愿意听这样的好建议呢？

我的问题是，这些建议假定学生已经掌握了高水平的推理能力，这些推理能力基于对统计方法和程序的广泛了解以及在数据分析中具备丰富的统计应用经验。然而，学生并没有掌握这么多的知识，除了少数几个例子以外，他们也没有统计应用的经验。依靠广泛的知识基础和长期的数据分析经验的高级推理，已经超出了他们作为新手的现状——除了极少数无需太多指导就能取得很大进步的人才。除非教育计划为统计课程留出更多的空间，否则学生将只能掌握基本的统计方法，如 t 检验、卡方检验和非参数检验、线性回归模型基础和方差分析，以及对更高级的方法，如因子分析、结构方程模型和多层次模型，了解个皮毛。他们有限的知识基础只能让他们在需要时想到流行的方法，却无法解决需要更多知识和经验的棘手统计问题。

有一个学生，在我讲授了一堂关于估计评委之间一致性的方法的课后来找我，他显然对这个话题非常不感兴趣，他对我说，比起统计学，他更愿意翘课去学习临床课程，还说当他需要建议时，他会来找我。我回答说，我觉得他不会这么做，因为（在他的认知里）他从来就没有意识到判断一致性本身是个问题；所以，他怎么会提出相关问题呢？你爱怎么想这个学生就怎么想，但他只是直白地表达了——或许有些欠考虑——更多学生的想法。我曾恳请学生将统计培训视为逻辑推理的绝佳练习，而这也是诊断病人时所需的技能，但这始终无法让学生们完全信服为了自己的利益而忍受统计学课程，不过他们还是照做了。他们可能不是本书要讨论的未来研究人员，但难度和经验问题是显而易见的。就拿我讨论过的 p 值的使用来说吧：如果统计学家都不能就显著性水平、如何使用或是否使用显著性水平达成一致（例如，Greenland, Senn, Rothman, Carlin, Poole et al., 2016; Hand, 2022; McShane & Gal, 2017），你还能指望研究生做什么呢？

与有关最佳显著性水平的建议一样，有关改进统计教育的建议也存在这样的问题，即这些建议假定这些方法和教学所面向的研究人员和学生具有极高水平的知识和经验，但实际情况往往并非如此。这并不意味着我们必须停止思考改进统计方法和程序以及教学内容；相反，我们需要持续探索，因为这能提高知识质量，推动思维进步。这里的关键问题是，所建议的教学内容是否能减少有问题的研究行为。鉴于生物学、教育学、卫生学、医学、心理学和社会学的几乎所有专业都开设了数量有限的基本研究方法和统计学课程，我们最多只能期望学生掌握一些初级知识，并能应用一些较简单的统计方法和程序。假设学生掌握了大部分较复杂的统计方法和程序，而期望他们能够在这个水平上进行推理，那就太乐观了。他们没有机会积累经验，而经验是需要时间积累的。

我的保留意见并不意味着教师不应该让学生意识到研究中可能出现的问题以及预防方法。当学生知道研究会有瑕疵和缺陷时，至少会意识到研究并不完美，而作为研究人员，他们也有可能出错。金塔纳（Quintana，2021）建议，学生撰写论文应根据他们在本科生培养计划中所做的研究，根据他们的专业水平和该计划所能提供的资源，针对已发表的有趣研究开展复现研究。这样，学生既能学习如何研究有趣的问题，同时体验预注册、复现和将严谨的方法应用于实际问题的价值。以心理学为例，科学可以通过文献中已积累的大量相关问题的复现证据而获益。让学生体验和内化重要研究概念的理念也存在于将负责任的研究行为（第2章）内化的尝试中（Pennock & O'Rourke，2017），这种尝试旨在消除负责任的研究行为因法律化、义务化性形象带来的某种缺乏吸引力的刻板印象。我赞赏教育创新，引导学生朝着正确的方向前进，减少了学生在日后工作中有问题的研究行为，但我之前的保留意见依然还在。

大多数学生不会成为研究人员，但那些成为研究人员的学生也不会突然成为经验丰富的统计学家。再加上是在自己真正的专业之外将统计学作为辅助技能使用，有问题的研究行为几乎是顺理成章的结果。一旦成为研究人员，有些人就会参加他们在研究中需要的高级统计方法课程。这些课程通常很短，只需一天或几天，目的是高效利用研究人员的时间。课程的目标往往高于研究人员真正的统计专业知识和经验水平，而且更注重软件的使用，而不是对方法细节的理解。有人可能会说，就像开车一样，知道如何操作仪表盘就足够了，无需在意发动机内部的构造。然而，有问题的驾驶行为并不取决于对汽车发动机技术知识的了解程度，而有问题的研究行为却取决于对统计方法和程序的无意滥用。看来，必须通过经验积累加深理解。

减少情境因素对有问题的研究行为的影响？

在本书中，我曾多次提到容易导致有问题的研究行为出现的情境因素，并提供了可以找到有问题的研究行为清单的参考文献。我还注意到除少数例外情况外，文献中指出有问题的研究行为的成因大多是情境性的，如雇主施加的业绩压力和期刊的发表偏倚，但研究人员对统计学掌握不佳却很少被作为有问题的研究行为的成因。特沃斯基和卡尼曼的研究解释了为什么统计问题（不仅是最难的问题），会给许多研究人员，甚至给统计学家带来难以克服的难题。其他作者也注意到了学生和研究人员的挣扎，并出版了大量书籍帮助在概率和统计方面遇到困难的读者（例如，Abelson，1995；Hand，2008；Rowntree，2018；Wainer，2016）。这些著作的共同出发点是，通过正确的教育、培训和激励，学生、初入行的研究人员以及感兴趣的非研究人员都能更深入地理解统计思维的原理。这将有助于每个人理解使用统计分析结果的报告和报刊文章，也有助于研究人员正确地进行数据分析。正如上一节所讨论的加强统计教育的呼吁一样，我认为很难反驳这种乐观的观点，也不会试图阻止任何人走这条路。但这还不够。

鉴于统计工作十分困难，统计结果往往反直觉，社会、行为、健康等领域的数据往往十分复杂（包含多种变量，具有高维结构，噪声大，包含许多无法解释的信号），而且研究人员缺乏统计思维经验，我很难相信可以大规模避免有问题的研究行为。相反，我认为这种情况会无意中助长有问题的研究行为的出现。此外，研究人员通常认为统计学是生物学、医学、心理学和社会学的辅助学科，尽管这是事实，但这并不会让他们更容易掌握统计学。相反，这使统计工作变得更加困难，因为当统计学成为第二学科时，研究人员更可能不愿投入足够的时间——更多时间被用来在最高水平上练习自己的主学科——积累熟练运用统计所需的经验。许多其他学科都有自己的辅助学科。例如，在19世纪，物理学成了化学的辅助学科，发展出了物理化学这门分支学科（Van den Berg，2021），但我想没有人会说这让化学家更容易理解和运用物理学。同样，化学成了生物学的辅助学科，而统计学作为数学的一门分支学科，也成了所有收集经验数据的学科的辅助学科。一方面，对于统计学家来说，统计学变得如此重要是件好事，但另一方面，缺乏经验的非专业人士对统计学的使用却令人担忧。

许多情境因素，如雇主施加的绩效压力、研究人员的学科的要求、研究人员自身的压力、文件抽屉问题、发表偏倚等，都会加剧有问题的研究行为的发生。第6章的最终启示是：

疑问：想象一个研究人员能够很好地掌握统计和数据分析的世界。有问题的研究行为还会成为问题吗？

我的假设是不会，或者几乎不会。当然，我的结论是供大家讨论的，所以你可能不同意。我的观点并不意味着统计学家是没有不良习惯的人；也就是说，如果你是统计学家，也不能保证永远不会出现数据问题。我预计（也知道）统计学家也会犯错。不过，这种观点确实意味着，一旦你明白了对数据进行各种不合理的操纵或不正确地使用某些统计方法的后果，就会引入系统误差和随机误差导致分析结果失效，那么再这样做就变得没有吸引力了。如果你知道自己的做法不正确，那么错误的做法又有什么乐趣和用处呢？当然，除非你打算伪造结果，以获得某种与经验真相无关的好处。正如我在第2章中解释的，即使不涉及数据捏造或篡改，故意伪造结果的行为也属于学术不端，因为这必然涉及对结果的篡改。

和前面一样，假定有问题的研究行为是统计知识和经验不足造成的，那么我预计情境的影响会放大其发生频率和严重程度（IJzerman, Lewis Jr., Przybylski, Weinstein, DeBruine et al., 2020）。研究人员不喜欢报告失败、不显著的结果，或看起来就像失败的明显不拟合的模型，这些文件可能会被束之高阁。期刊也不喜欢报告"失败"研究，而倾向于优先刊登拒绝零假设和模型拟合良好的论文，这种倾向加剧了发表偏倚。研究人员知道这一点，因此他们主要提交那些呈现拒绝零假设和模型拟合的研究报告。如此便形成了一个闭环。其他闭环也在强化这种偏倚文化。例如，雇主希望成功的员工能够为公司的使命和目标作出贡献。因此，大学会聘用和提拔那些在顶级期刊上发表过论文的学术人员，而这些期刊往往会发表拒绝零假设和模型拟合的研究。此外，资助机构也倾向于向成功的研究人员提供资助，而这些研究人员恰好就是在顶级期刊上发表拒绝零假设和模型拟合的研究人员。科学家们都在努力争取成功，成功的定义是在顶级期刊上发表大量文章、成功指导大量博士论文以及获得大量研究经费（Miedema，2022）。他们都深谙此道，并互相竞争有限的期刊版面和研究资金（Fang & Casadevall，2015；另见 Aksnes，Langfeldt，& Wouters，2019）。

竞争稀缺资源和高产出——文章、博士项目、研究经费——给科学界带来了巨大压力。一个重要的问题是，竞争是否会对每个研究人员产生类似的影响。促进竞争的文化可能并不那么糟糕，因为竞争可以促使竞争者取得伟大的成果，为社会利益服务，在这种情况下，每个人都是赢家。此外，人们可能会问，科学本身是否就具有竞争性？研究人员努力为解决同样的问题作出贡献，同时担忧别人是否会更快地提出解决方案。再者，并不是每个人都不喜欢竞争，许多研究人员参与竞争时并不太在意压力，而是按规则玩科学游戏。事实往往不是非黑即白，而是介于两者之间的，但关键在于，当竞争者缺乏足够的知识和经验正确使用统计、却又被迫使用时，竞争也可能催生有问题的研究行为。竞争很可能会继续存在，问题是如何另辟蹊径地减少有问题的研究行为（Sijtsma，2016）。

两项建议

开放数据和研究细节

研究人员发表成果是为了让同事们了解其研究成果。如果不发表，他们的工作就会沦为自己的业余爱好。发表的意思是，通过印刷等方式向公众提供书籍、杂志、报纸或其他文件。¹我们可以将这一定义局限于研究人员报告其成果的文章或书籍章节，以及为数据收集和数据分析奠定基础的理论考虑、假设和方法。更广义的解释则包括同行验证报告结果或准备复现研究实验所需的所有细节。这种对发表的解释，将被动地根据研究领域和期刊或出版商的发表规则进行报告，扩展到为同事提供重新分析或复现研究所需的所有材料。重新进行数据分析可能会提出其他分析策略，指出薄弱或有问题的分析选择，并揭示错误。虽然有些研究人员可能宁愿隐瞒研究细节，担心即使只暴露了意外错误，也会遭到同事的鄙视，但这样做的好处是，在开放的研究氛围中，他们的工作方式将保护他们不出现有问题的研究行为。知道同事可能会审视自己的工作，会促使研究人员谨慎工作，并在能力范围内做出最好的成果。

虽然开放的研究氛围似乎是不言而喻的，也是必要的（例如，Haven, Tijdink, Martinson, & Bouter, 2019; Nosek, Alter, Banks, Borsboom, Bowman et al., 2015; Simonsohn, 2013; Wicherts & Bakker, 2012），但很少有研究人员会公布他们的数据和其他研究细节，而同事们需要这些数据和细节来检查结果或复现研究（例如，Hardwicke & Ioannidis, 2018; Vines, Albert, Andrew, Débarre, Bock et al., 2014, Wallach, Boyack, & Ioannidis, 2018; Wicherts, Borsboom, Kats, & Molenaar,

2006）。这种现象可能源于以下原因。

- **投入损失**。收集数据需要花费资金、人力和精力。数据是研究人员工作的燃料。没有数据，研究人员就无法为其研究领域的进步作出贡献，并有可能失去自身存在的价值。那么，为什么要把自己的数据轻易交给别人呢？为什么要冒着被别人挖墙脚的风险，利用你的数据发表你自己没有想到或没有时间发表的新成果呢？让他们自己去收集数据吧！虽然这种态度可以理解，但它违背了科学可信性的普遍利益，而可信度得益于开放的研究文化。虽然我不能确定这一点，但我猜想，如果斯塔佩尔知道他所做的一切都会在网络上公布出来，让所有人都能看到并揭露，那么他的许多不当行为可能永远不会发生。

  为了解决研究人员的后顾之忧，可以允许他们在发表第一篇（第二篇、第三篇等）文章并且后续论文正在准备中之后再公布数据和其他研究细节。相比那些寻找现成的数据而不是就大家共同关心的问题重新进行分析或复现研究的同事，他们就有了先机。保护研究人员利益的其他措施似乎并不复杂，但我不在这里进一步阐述。

- **所有权**。数据的所有者可能是第三方，而不是大学或其他雇主。例如，政府组织、市政当局、商业企业和医院。

在医学研究中，制药公司可能是数据的所有者；在心理和健康研究中，疗养院可能会提供他们声称自己拥有的数据。如果研究人员可以直接公布研究成果以及研究细节和数据，其他研究人员也可以完全查阅所有资料，那么就不会出现问题。但是，如果为研究提供便利的第三方限制或阻碍研究细节和数据的公开获取和使用，开放科学的关键原则就会受到威胁。

解决办法是，研究人员（或其雇主）与第三方协商，是否可以不受限制地公布其研究结果、数据和相关研究细节。第三方可能会犹豫或拒绝的一个原因是，他们担心组织信息公开可能会损害他们的利益。与声称从事科学研究的大学或其他组织不同，第三方可以选择其他不受开放性原则约束的研究伙伴合作或委托其开展研究。这样一来，研究成果将只用于符合该组织利益的用途，而不会对科学所代表的公开知识体系作出贡献。学术研究人员和大学管理者可能难以抗拒慷慨资助的前景，从而陷入研究伦理与财务或其他利益的矛盾中。

显然，开放数据文化会带来新的问题，我们需要实践经验来制定行之有效的解决方案。约阿尼蒂斯（Ioannidis，2016）指出，错误是不可避免的，并讨论了如何激励研究人员公布数据，而不必担心在数据存在错误或结果无法复现时被嘲笑。他还指出，不能保证作者会公布他们使用的数据，也不能保证重新分析数据的研究人员是专业的，除了知识之外没有其他兴趣。为了减少这些问题，约阿尼蒂斯建议除公布数据外，还应公布研究设计和分析细节，并对研究进行预注册。我想补充的是，拒绝采用开放数据政策意味着盲目信任同事在文章中报告的任何内容，放弃了验证的可能性，这将使研究脱离科学的范畴。

最后，在关于有问题的研究行为和相关议题的文献中，我很少见到一种措施，那就是雇主（如大学执行董事会）要求研究人员——大学的雇员——签署开放数据政策条款，并将其作为雇佣合同的一部分。我并不是说强制手段能自动解决问题，但如果员工知道他们所在的机构认为公开数据是理所当然的，并采取了切实有效的措施时，那么接受开放数据政策将大有裨益。

让专家指点迷津：统计咨询

有关研究诚信和有问题的研究行为的文献中充斥着对研究人员改进统计程序的建议，但我没有在任何地方读到过最简单的建议：**交给专家处理吧**。[2] 有些研究人员是出色的统计学家，但另一些研究人员仅在自己的专业领域之外将统计作为辅助技能使用。统计学是一门庞大的学科，众所周知难度很大，因此，当你不是统计学家时，认为自己独立应对统计问题定是个不切实际的选择。为什么很多研究人员在遇到棘手的数据分析问题时不征求统计学家的意见？他们可能没有意识到统计的难度，依赖"系统1"的无意识反应，听取缺乏经验的同事的建议，或者高估了自己的经验和统计技能。而在需要时，统计学家可能根本找不到，因为研究所没有聘用统计学家，或者因为他们忙于做其他事情。

本书的一位审稿人建议，可以将统计学家嵌入心理学、健康、医学和其他研究小组中，以优化小组对特定统计模型的需求与统计人员专业知识之间的匹配。我同意这是一个理想的情况，但我要解释一下为什么在很多情况下这是不现实的。首先，与心理学、健康学和医学一样，统计学也是一门庞大而多样的学科，统计人员需要时间接受本学科错综复杂知识的培训。作为一门学术学科，统计学与其他学科并无不同。大学里的统计学家为统计专业的本科生、研究生和更广泛的学生讲授统计课程。他们还在统计研究小组中组织研究，开发新的统计方法和软件。通过这些工作，他们提高了技能，积累了经验，成为更好的统计学家。如果统计学家被编入其他学科的研究小组，那么统计方法和软件的开发与改进可能就不再是优先事项。这将损害他们的技能，降低他们做出正确统计选择的能力。与其他科学家一样，统计学家也需要自己的学术土壤来发展和成长为科学家。

为了帮助其他研究人员作出方法和统计方面的决定，统计学家需要投入一部分时间用于咨询。正式加入研究小组的统计学家通常也会被正式任命为统计小组成员，以便持续参与统计教学和研究工作，进一步发展自己的技能和经验。事实证明，与其他学科的研究人员合作对统计学家来说也是富有成果的，是进一步发展统计新思路的温床。实务学科的研究人员与统计学家之间已经有了很多合作，但还需要加强合作，以提高对困难和反直觉统计方法的合理使用。我预计这会减少有问题的研究行为。加强合作可能会受到限制，原因有二：其一，统计学家（包括方法论专家和应用统计学家）的数量有限，可供咨询的专业知识数量也有限。其二，最有帮助的是其他学科的研究人员能够认识到，他们需要基于丰富经验的专业统计建议。在核心研究领域之外随意使用统计学，始终是负责任的研究行为的潜在风险（第2章）。

著名数学家和统计学家约翰·图基（John Tukey）经常被引用的一句话："作为一名统计学家，最棒的事情就是你可以在每个人的后院里玩耍。"[3] 我不知道他强调"玩耍"而不是"长居"在别人的"后院"里，是否也考虑到了统计学家提供最佳统计建议的前提是能够保持独立性。独立性保证了他可以开诚布公，不会因为提供客户偏好的建议受到压力或因给出不受欢迎的建议而承担后果。除了培养统计小组的专业技能外，独立性也是我认为统计学家在为其他研究人员提供建议时能发挥最大作用的第二个原因。

针对多个研究领域的复现危机，罗梅罗和斯普伦格（Romero and Sprenger, 2020）讨论了解决复现危机的三类改革，即社会改革（如加强教育）、方法改革（如预注册）和统计改革（如使用贝叶斯统计），但没有提到统计咨询。牙疼会让人去看牙医，屋顶漏水会让人去找水管工，而建议去找统计学家可能会让人感觉失败，因为研究人员可能更喜欢自己解决问题，而统计学家也知道这一点，因此他们会很顾虑。我不排除这样一种可能性，即统计学家会有点顾虑，不会邀请每个人都去他的办公室寻求建议。

当我第一次为大约150名本科生讲授统计课程时，我最先感受到的是他们对数学的恐惧，这也是每位统计教师的共同经历。我试图安慰他们，告诉他们统计并不难，只要努力、坚持和耐心，考试时就会证明我是对的。然而，这只在下一个知识点出现之前才起作用，因为下一个知识点会把他们吓个半死，而这样的知识点层出不穷。这样重复了几年之后，我终于明白，成千上万的学生不可能都错了：**统计学确实很难**！从那时起，当学生们感到害怕时，我不再轻率地告诉他们不要害怕，而是更加谨慎地回应。对于研究生，我直接说出真相——统计学很难，但让我们看看能走多远。我对研究人员说，不懂非自己专业领域的知识点并不可怕，也不丢人。承认这一点才是挑战，如果你承认了，向统计学家寻求帮助就是理所当然的做法。

启　示

降低显著性水平和采用贝叶斯数据分析方法等统计措施并不能减少因统计技术使用经验不足导致的有问题的研究行为。

加强统计教育通常等于对学生提出更高的要求，而他们在年轻时既不具备相关知识,也不具备相关经验。

确保研究设计和数据的充分透明度,包括研究计划的预注册,以及在需要时寻求统计咨询,是防止有问题的研究行为的最有效手段。

附录 7.1:贝叶斯统计

贝叶斯统计所依据的原则是,在看到新数据(记为 D)之后,你对假设(例如假设 H)的信心,表示为条件概率 P(H|D),该概率取决于你在看到数据之前对假设的初始信心 P(H),并用一个表示假设条件下数据可能性 P(D|H) 相比于没有假设条件下数据的可能性 P(D) 的因子进行修正。这四个概率由下式连接起来:

$$P(H|D) = P(H) \times \frac{P(D|H)}{P(D)}$$

概率 P((H|D) 表示在给定数据后对假设的信心,因此称为后验概率(即在知道新数据之后的后续概率)。它是从看到数据之前的假设概率 P(H) 得到的,称为先验概率(即新数据之前的概率)。先验概率 P(H) 通过与 $\frac{P(D|H)}{P(D)}$ 相乘转化为后验概率 P((H|D)。这个比值就是预测更新系数。它通过比较在假设条件下新收集到的数据的概率(分子)和所有假设条件下数据的平均概率(分母),

来更新你的信心。如果假设成立时的数据比没有假设时的数据更有可能成立,那么比值就会大于1,从而增加对假设的信心;也就是说,后验概率 P(H|D) 比先验概率 P(H) 更大,表示对 H 的信心更强。如果比值小于1,则得出相反的结论。

贝叶斯因子与频率学派的 p 值相对应。对于两个相互竞争的假设 H_1 和 H_2,贝叶斯因子通过评估 H_1 和 H_2 对应前述公式的比值而获得,结果是:

$$\frac{P(H_1|D)}{P(H_2|D)}=\frac{P(H_1)\times\frac{P(D|H_1)}{P(D)}}{P(H_2)\times\frac{P(D|H_2)}{P(D)}} \Leftrightarrow \frac{P(H_1|D)}{P(H_2|D)}=BF\times\frac{P(H_1)}{P(H_2)}$$

其中:

$$BF=\frac{P(D|H_1)}{P(D|H_2)}$$

双箭头右边的第二个比值,$\frac{P(H_1)}{P(H_2)}$,是在看到数据之前,将两个假设的先验概率进行比较,称为两个假设的先验比率。第一个比例 $\frac{P(H_1|D)}{P(H_2|D)}$,比较的是在看到数据后两个假设的后验概率,称为后验比率。贝叶斯因子比较两种假设的预测性能,显示数据如何将先验比率转化为后验比率。由于贝叶斯因子是两个概率的比值,其

取值范围从 0 到 ∞。BF=1 表示两种假设对数据的预测效果相同，数据对两种假设的可信度没有影响；后验比率等于先验比率。需要注意的是，贝叶斯因子仅用于比较假设的相对合理性，与假设的绝对真实性无关。两种假设都可能是错误的。贝叶斯因子反映的是假设的相对预测能力，而不是它们的真实性。

注　释

1 https://dictionary.cambridge.org/dictionary/english/publish.

2 章节标题取自约翰·沃尔夫冈·冯·歌德（Johann Wolfgang von Goethe）的十四行诗《自然与艺术》（Natur und Kunst, 1802）。译文：工匠大师能够约束自己。

3 我不知道是否有参考文献，但这句话在统计学家中还是很有名的。

参考文献

Abelson, R. P. (1995). *Statistics as principled argument.* Hilsdale, NJ: Erlbaum.

Aksnes, D. W., Langfeldt, L., & Wouters, P. (2019). Citations, citation indicators, and research quality: An overview of basic concepts and theories. *SAGE Open.*

Allison, P. D. (2002). *Missing data. Series: Quantitative applications in the social sciences.* Thousand Oaks, CA: Sage.

Al-Marzouki, S., Evans, S., Marshall, T., & Roberts, I. (2005). Are these data real? Statistical methods for the detection of data fabrication in clinical trials. *BMJ (Clinical research ed.)*, 331 (7511), 267–270. https://doi.org/10.1136/bmj.331.7511.267.

Amrhein, V., & Greenland, S. (2018). Remove, rather than redefine, statistical significance. *Nature Human Behavior*. https://doi.org/10.1038/s41562-017-0224-0.

Anderson, M. S., Ronning, E. A., De Vries, R., & Martinson, B. C. (2007). The perverse effects of competition on scientists' work and relationships. *Science and Engineering Ethics*, 13, 437–461. https://doi.org/10.1007/s11948-007-9042-5.

Arkes, H. R. (2008). Being an advocate for linear models of judgment is not an easy life. In J. I. Krueger (Ed.), *Rationality and social responsibility: Essays in honor of Robyn Mason Dawes* (pp. 47–70). New York: Psychology Press.

Asendorpf, J. B., Conner, M., De Fruyt, F., De Houwer, J., Denissen, J. J. A. et al. (2013). Recommendations for increasing replicability in psychology. *European Journal of Personality*, 27, 108–119.

Azevedo, C. D. S., Gonçalves, R. F., Gava, V. L., & Spinola, M. D. M. (2021). A Benford's Law based methodology for fraud detection in social welfare programs: Bolsa Familia analysis. *Physica A: Statistical Mechanics and its Applications*. https://doi.org/10.1016/j.physa.2020.125626.

Baker, M. (2016). Is there a reproducibility crisis? *Nature*, 533, 452–454.

Bakker, M., Veldkamp, C. L. S., Van Assen, M. A. L. M., Crompvoets, E. A. V., Ong, H. H. et al. (2020). Ensuring the quality and specificity of preregistrations. *PLoS Biol*, 18(12), e3000937. https://doi.org/10.1371/journal.pbio.3000937.

Barnett, V., & Lewis, T. (1994). *Outliers in statistical data*. Chichester, UK: Wiley.

Baud, M., Legêne, S., & Pels, P. (2013). *Circumventing reality. Report on the anthropological work of professor emeritus M. M. G. Bax.*

Benford, F. (1938). The law of anomalous numbers. *Proceedings of the American Philosophical Society*, 78, 551–572.

Benjamin, D. J., Berger, J. O., Johannesson, M., Nosek, B. A., Wagenmakers, E.-J. et al. (2017). Redefine statistical significance. *Nature Human Behavior*. Downloaded from: https://www.nature.com/articles/s41562-017-0189-z.

Benjamini, Y., & Hochberg, Y. (1995). Controlling the false discovery rate: A practical and powerful approach to multiple testing. *Journal of the Royal Statistical Society, Series B*, 57, 289–300.

Borsboom, D., Van der Maas, H., Dalege, J., Kievit, R., & Haig, B. (2021). Theory construction methodology: A practical framework for theory formation in psychology. *Perspectives on Psychological Science*, 16(4), 756–766.

Bos, J. (2020). *Research ethics for students in the social sciences*. Cham: Springer.

Bouri, S., Shun-Shin, M. J., Cole, G. D., Mayet, J., & Francis, D. P. (2014). Meta-analysis of secure randomized controlled trials of β-blockade to prevent perioperative death in non-cardiac surgery.

Heart, 100, 456–464. https://doi.org/10.1136/heartjnl-2013-304262.

Bouter, L. M., Tijdink, J., Axelsen, N., Martinson, B. C., & Ter Riet, G. (2016). Ranking major and minor research misbehaviors: Results from a survey among participants of four World Conferences on Research Integrity. *Research Integrity and Peer Review*, 1, 17. https://doi.org/10.1186/s41073-016-0024-5.

Broad, W., & Wade, N. (1982). *Betrayers of the truth: Fraud and deceit in the halls of science.* New York: Simon and Schuster.

Buck, H. M., Koole, L. H., Van Genderen, M. H. P., Smit, L., Geelen, J. L. M. C. et al. (1990). Phosphate-methylated DNA aimed at HIV-1 RNA loops and integrated DNA inhibits viral infectivity. *Science*, 248(4952), 208–212. https://doi.org/10.1126/science.2326635.

Budd, J. M. (2013). The Stapel Case: An object lesson in research integrity and its lapses. Synesis. A Journal of Science, Technology, Ethics, and Policy. Downloaded from https://englishdocs.eu/wp-content/uploads/2018/06/budd_2013_g47-53.pdf.

Callaway, E. (2011). Report finds massive fraud at Dutch universities. *Nature.* Nov 1; 479 (7371): 15. https://doi.org/10.1038/479015a.

Campbell, S. K. (1974, 2002). *Flaws and fallacies in statistical thinking.* Mineola: Dover Publications, Inc.

Chambers, C. D. (2013). Registered reports: A new publishing initiative at Cortex. *Cortex*, 49, 609–610. http://dx.doi.org/10.1016/

j.cortex.2012.12.016.

Chambers, C. D. (2017). *The 7 deadly sins of psychology: A manifesto for reforming the culture of scientific practice*. Princeton, NJ: Princeton University Press.

Chevassus-au-Louis, N. (2019). *Fraud in the lab. The high stakes of scientific research*. Cambridge, MA: Harvard University Press.

Cohen, J. (1960, 1988). *Statistical power analysis for the behavioral sciences*. Hillsdale, NJ: Erlbaum.

Cole, G. D., & Francis, D. P. (2014a). Perioperative β blockade: Guidelines do not reflect the problems with the evidence from the DECREASE trials. *BMJ: British Medical Journal*, 349. https://www.jstor.org/stable/10.2307/26516964?seq=1&cid=pdfreference#references_tab_contents.

Cole, G. D., & Francis, D. P. (2014b). The challenge of delivering reliable science and guidelines: opportunities for all to participate. *European Heart Journal*, 35, 2435–2440.

Craig, R., Cox, A., Tourish, D., & Thorpe, A. (2020). Using retracted journal articles in psychology to understand research misconduct in the social sciences: What is to be done? *Research Policy*, 49. https://doi.org/10.1016/j.respol.2020.103930.

Craig, R., Pelosi, A., & Tourish, D. (2020). Research misconduct complaints and institutional logics: The case of Hans Eysenck and the British Psychological Society. *Journal of Health Psychology*, 26, 296–311.

De Vries, R., Anderson, M. S., & Martinson, B. C. (2006). Normal misbehavior: Scientists talk about the ethics of research. *Journal of Empirical Research on Human Research Ethics*, 1(1), 43–50.

Deckert, J., Myagkov, M., & Ordeshook, P. C. (2011). Benford's law and the detection of election fraud. *Political Analysis*, 19, 245–268. https://doi.org/10.1093/pan/mpr014.

Diekmann, A. (2007). Not the first digit! Using Benford's Law to detect fraudulent scientific data. *Journal of Applied Statistics*, 34, 321–329.

Dolan, C. V. (1994). Factor analysis of variables with 2, 3, 5 and 7 response categories: A comparison of categorical variable estimators using simulated data. *British Journal of Mathematical and Statistical Psychology*, 47, 309–326.

Dyson, G. (2012). *Turing's cathedral. The origins of the digital universe*. London: Penguin Books.

Edouard, L., & Senthilselvan, A. (1997). Observer error and birthweight: Digit preference in recording. *Public Health*, 111, 77–79. Downloaded from: https://www.sciencedirect.com/science/article/pii/S0033350697900044.

Epskamp, S. & Nuijten, M. B. (2016). statcheck: Extract statistics from articles and recompute p values. Retrieved from http://CRAN. Rproject.org/package=statcheck. (R package version 1.2.2)

Eronen, M. I., & Bringmann, L. F. (2021). The theory crisis in psychology: How to move forward. *Perspectives on Psychological Science*, 16(4), 779–788. https://doi.org/10.1177/1745691620970586.

Fanelli, D. (2009). How many scientists fabricate and falsify research? A systematic review and meta-analysis of survey data. *PLoS ONE*, 4(4), e5738.

Fang, F. C., & Casadevall, A. (2015). Competitive science: Is competition ruining science? *Infection and Immunity*, 83, 1229–1233. https://doi.org/10.1128/IAI.02939-14.

Fewster, R. M. (2009). A simple explanation of Benford's Law. *The American Statistician*, 63, 26–32.

Fiedler, K., & Prager, J. (2018). The regression trap and other pitfalls of replication science—illustrated by the report of the Open Science Collaboration. *Basic and Applied Social Psychology*, 40(3), 115–124. https://doi.org/10.1080/01973533.2017.1421953.

Fink, M. Gartner, J., Harms, R., & Hatak, I. (2023). Ethical orientation and research misconduct among business researchers under the condition of autonomy and competition. *Journal of Business Ethics*, 183, 619–636. https://doi.org/10.1007/s10551-022-05043-y.

Fox, J. (1997). *Applied regression analysis, linear models, and related models*. Thousand Oaks, CA: Sage.

Freund, J. E. (1973, 1993). *Introduction to probability*. Mineola: Dover Publications, Inc.

Gal, I. (2002). Adults' statistical literacy: Meanings, components, responsibilities. *International Statistical Review*, 70, 1–25. https://www.jstor.org/stable/1403713.

Galton, F. (1889). *Natural inheritance*. London: Macmillan.

Gardenier, J. & Resnik, D. (2002). The misuse of statistics: Concepts, tools, and a research agenda. *Accountability in Research*, 9(2), 65–74. https://doi.org/10.1080/08989620212968.

Garfield, J. (1995). How students learn statistics. *International Statistical Review*, 63, 25–34.

Gelman, A., & Hill, J. (2007). *Data analysis using regression and multilevel/hierarchical models*. Cambridge: Cambridge University Press.

Gelman, A., & Loken, E. (2014). The statistical crisis in science. *American Scientist*, 102(6), 460–465.

Gigerenzer, G., Krauss, S., & Vitouch, O. (2004). The null ritual: What you always wanted to know about significance testing but were afraid to ask. In Kaplan, D. (Ed.) *The Sage handbook of quantitative methodology for the social sciences* (pp. 391–408).

Thousand Oaks, CA: Sage.

Gleick, J. (2011). *The information. A history, a theory, a flood.* New York: Vintage Books.

Goodstein, D. (2010). *On fact and fraud. Cautionary tales from the front lines of science.* Princeton, NJ: Princeton University Press.

Gopalakrishna, G., ter Riet, G., Vink, G. Stoop, I., Wicherts, J. M. et al. (2022). Prevalence of questionable research practices, research misconduct and their potential explanatory factors: A survey among academic researchers in The Netherlands. *PLoS ONE*, 17(2), e0263023. https://doi.org/10.1371/journal.pone.0263023.

Greenhouse, J. B., & Seltman, H. J. (2018). On teaching statistical practice: From novice to expert. *The American Statistician*, 72, 147–154. https://doi.org/10.1080/00031305.2016.1270230.

Greenland, S., Senn, S. J., Rothman, K. J., Carlin, J. B., Poole, C., et al. (2016). Statistical tests, P values, confidence intervals, and power: A guide to misinterpretations. *European Journal of Epidemiology*, 31, 337–350. https://doi.org/10.1007/s10654-016-0149-3.

Grove, W. M., & Meehl, P. E. (1996). Comparative efficiency of informal (subjective, impressionistic) and formal (mechanical, algorithmic) prediction procedures: The clinical—statistical controversy. *Psychology, Public Policy, and Law*, 2, 293–323.

Hambleton, R. K., Swaminathan, H., & Rogers, H. J. (1991). *Fundamentals of item response theory.* Newbury Park, CA: Sage.

Hand, D. (2014). *The improbability principle. Why coincidences, miracles and rare events happen every day.* London: Penguin Books.

Hand, D. J. (2008). *Statistics. A very short introduction.* New York: Oxford University Press.

Hand, D. J. (2022). Trustworthiness of statistical inference. *Journal of the Royal Statistical Society: Series A (Statistics in Society)*, 185, 329–347. https://doi.org/10.1111/rssa.12752.

Hardwicke, T. E., & Ioannidis, J. P. A. (2018). Populating the Data Ark: An attempt to retrieve, preserve, and liberate data from the most highly-cited psychology and psychiatry articles. *PLoS ONE*, 13(8), e0201856. https://doi.org/10.1371/journal.pone.0201856.

Hardwicke, T. E., Thibault, R. T., Kosie, J. E., Wallach, J. D., Kidwell, M. C. et al. (2021). Estimating the prevalence of transparency and reproducibility-related research practices in psychology (2014–2017). *Perspectives on Psychological Science.*

Haven, T. L., Bouter, L. M., Smulders, Y. M., & Tijdink, J. K. (2019). Perceived publication pressure in Amsterdam: Survey of all disciplinary fields and academic ranks. *PLoS One*, 14(6), e0217931. https://doi.org/10.1371/journal.pone.0217931.

Haven, T. L., Tijdink, J. K., Martinson, B. C., & Bouter, L. M. (2019). Perceptions of research integrity climate differ between academic ranks and disciplinary fields: Results from a survey among academic researchers in Amsterdam. *PLOS ONE*, 14(1), e0210599. https://doi.org/10.1371/journal.pone.0210599.

Haven, T. L., & Van Grootel, L. (2019). Preregistering qualitative research. *Accountability in Research*. https://doi.org/10.1080/08989621.2019.1580147.

Haven, T. L., & Van Woudenberg, R. (2021). Explanations of research misconduct, and how they hang together. *Journal for General Philosophy of Science*, 52, 543–561. https://doi.org/10.1007/s10838-021-09555-5.

Hays, W. L. (1994). *Statistics*. Fort Worth, TX: Harcourt Brace College Publishers.

Head, M. L., Holman, L., Lanfear, R., Kahn, A. T., & Jennions, M. D. (2015). The extent and consequences of P-hacking in science. *PLoS Biology*, 13(3), e1002106. https://doi.org/10.1371/journal.pbio.1002106.

Hill, T. P. (1995). A statistical derivation of the significant-digit law. *Statistical Science*, 10, 354–363.

Huistra, P., & Paul, H. (2021). Systemic explanations of scientific misconduct: Provoked by spectacular cases of norm violation? *Journal of Academic Ethics*. https://doi.org/10.1007/s10805-020-09389-8.

IBM Corp. (2021). *IBM SPSS Statistics for Windows, Version 28.0.* Armonk: IBM Corp.

IJzerman, H., Lewis Jr., N. A., Przybylski, A. K., Weinstein, N., DeBruine, L. et al. (2020). Use caution when applying behavioural science to policy. *Nature Human Behaviour*, 4, 1092–1094. Downloaded from: https://www.nature.com/articles/s41562-020-00990-w.

Ioannidis, J. P. A. (2005). Why most published research findings are false. *PLoS Med*, 2(8), e124.

Ioannidis, J. P. A. (2016). Anticipating consequences of sharing raw data and code and of awarding badges for sharing. *Journal of Clinical Epidemiology*, 70, 258–260.

Ioannidis, J. P. A. (2018). Why replication has more scientific value than original discovery. *Behavioral and Brain Sciences*, 41, e137. https://doi.org/10.1017/S0140525X18000729. PMID: 31064545.

Johannssen, A., Chukhrova, N., Schmal, F., & Stabenow, K. (2021). Statistical literacy—Misuse of statistics and its consequences. *Journal of Statistics and Data Science Education*. https://doi.org/10.1080/10691898.2020.1860727.

John, L. K., Loewenstein, G., & Prelec, D. (2012). Measuring the prevalence of questionable research practices with incentives for truth telling. *Psychological Science*, 23, 524–532.

Johnson, D. R., & Ecklund, E. H. (2016). Ethical ambiguity in science.

Science and Engineering Ethics, 22(4), 989–1005. https://doi.org/10.1007/s11948-015-9682-9.

Judson, H. F. (2004). *The great betrayal. Fraud in science*. Orlando, FL: Harcourt, Inc.

Kahneman, D. (2011). *Thinking, fast and slow*. London: Penguin Books.

Kahneman, D., & Tversky, A. (1982). On the study of statistical intuitions. *Cognition*, 11, 1123–1141.

Kass, R. E., & Raftery, A. E. (1995). Bayes factors. *Journal of the American Statistical Association*, 90, 773–795.

Kerr, N. L. (1998). HARKing: Hypothesizing after the results are known. *Personality and Social Psychology Review*, 2, 196–217.

Kevles, D. J. (1998). *The Baltimore case. A trial of politics, science, and character*. New York: W. W. Norton & Company, Inc.

Klaassen, C. A. J. (2018). Preliminary version. Evidential value in ANOVA-regression results in scientific integrity studies. Downloaded from: https://arxiv.org/pdf/1405.4540.pdf.

KNAW; NFU; NWO; TO2-federatie; Vereniging Hogescholen; VSNU (2018). *Nederlandse gedragscode wetenschappelijke integriteit (Netherlands code of conduct for research integrity)*. DANS. https://doi.org/10.17026/dans-2cj-nvwu.

Konij, E. A., Van de Schoot, R., Winter, S. D., & Ferguson, C. J. (2015). Possible solution to publication bias through Bayesian statistics, including proper null hypothesis testing. *Communication Methods and Measures*, 9(4), 280–302. https://doi.org/10.1080/19312458.2015.1096332.

Krutschke, J. K. (2010). What to believe: Bayesian methods for data analysis. *Trends in Cognitive Sciences*, 14, 293–300. https://doi.org/10.1016/j.tics.2010.05.001.

Krutschke, J. K. (2021). Bayesian analysis reporting guidelines. *Nature Human Behavior*. https://doi.org/10.1038/s41562-021-01177-7.

Labib, K., Tijdink, J., Sijtsma, K., Bouter, L., Evans, N. et al. (2023). How to combine rules and commitment in fostering research integrity? *Accountability in Research*. https://doi.org/10.1080/08989621.2023.2191192.

Lakens, D. (2019). The value of preregistration for psychological science: A conceptual analysis. *Japanese Psychological Review*, 62, 221–230.

Lakens, D., Adolfi, F. G., Albers, C. J., Anvari, F., Apps, M. A. J. et al. (2018). Justify your alpha. *Nature Human Behaviour*, 2, 168–171.

Levelt Committee, Noort Committee, Drenth Committee. (2012). *Flawed science: The fraudulent research practices of social psychologist Diederik Stapel.*

Levelt, W. A. (2011). *Interim-rapportage inzake door Prof. D.A. Stapel gemaakte inbreuk op wetenschappelijke integriteit (Interim report regarding the breach of scientific integrity committed by Prof. D.A. Stapel).* Downloaded from: https://ktwop.files.wordpress.com/2011/10/stapel-interim-rapport.pdf.

Lovett, M. C., & Greenhouse, J. B. (2000). Applying cognitive theory to statistics instruction. *The American Statistician*, 54, 196–206. https://doi.org/10.1080/00031305.2000.10474545.

Lüscher, T. F., Gersh, B., Landmesser, U., & Ruschitzka, F. (2014). Is the panic about beta-blockers in perioperative care justified? *European Heart Journal*, 35, 2442–2444. https://doi.org/10.1093/eurheartj/ehu056.

Maddox, J. (1990). Dutch cure for AIDS is discredited. *Nature*, 347, 411.

Markowitz, D. M., & Hancock, J. T. (2014). Linguistic traces of a scientific fraud: The case of Diederik Stapel. *PLoS ONE*, 9(8), e105937. https://doi.org/10.1371/journal.pone.0105937.

Masicampo, E. J., & Lalande, D. R. (2012). A peculiar preference of p values just below .05. *The Quarterly Journal of Experimental Psychology*, 65, 2271–2279.

Maxwell, S. E., & Delaney, H. D. (2004). *Designing experiments and analyzing data. A model comparison perspective.* New York: Psychology Press, Taylor & Francis Group.

McShane, B. B., & Gal, D. (2017). Statistical significance and the dichotomization of evidence (with discussion). *Journal of the American Statistical Association*, 112, 885–908. https://doi.org/10.1080/01621459.2017.1289846.

Meehl, P. E. (1954). *Clinical versus statistical prediction: A theoretical analysis and a review of the evidence.* Minneapolis: University of Minnesota Press.

Mellenbergh, G. J. (2019). *Counteracting methodological errors in behavioral research.* Cham: Springer.

Merton, R. K. (1973). *The sociology of science. Theoretical and empirical investigations.* Chicago, IL: The University of Chicago Press.

Miedema, F. (2022). *Open science. The very idea.* Dordrecht: Springer Nature B. V.

Moore, D. S. (1997). New pedagogy and new content: The case of statistics (with discussion). *International Statistical Review*, 65, 123–165.

Nelson, L. D., Simmons, J., & Simonsohn, U. (2018). Psychology's Renaissance. *Annual Review of Psychology*, 69, 511–534. https://doi.org/10.1146/annurev-psych-122216-011836.

Nietert, P. J., Wessell, A. M., Feifer, C., & Ornstein, S. M. (2006). Effect of terminal digit preference on blood pressure measurement and treatment in primary care. *American Journal of Hypertension*,

19, 147–152. Downloaded from: https://academic.oup.com/ajh/article/19/2/147/128590.

Nosek, B. A., Alter, G., Banks, G. C., Borsboom, D., Bowman, S. D. et al. (2015). Promoting an open research culture. Author guidelines for journals could help to promote transparency, openness, and reproducibility. *Science*, 348(6242), 1422–1425. https://doi.org/10.1126/science.aab2374.

Nosek, B. A., Ebersole, C. R., DeHaven, A. C., & Mellor, D. T. (2018). The preregistration revolution. *PNAS*, 115, 11. www.pnas.org/cgi/doi/10.1073/pnas.1708274114.

Nosek, B. A., & Lakens, D. (2014). Registered reports. A method to increase the credibility of published Results. *Social Psychology*, 45(3), 137–141. https://doi.org/10.1027/1864-9335/a000192.

Nosek, B. A., Spies, J. R., & Motyl, M. (2012). Scientific Utopia: II. Restructuring incentives and practices to promote truth over publishability. *Perspectives on Psychological Science*, 7(6), 615–631.

Nuijten, M. B., Hartgerink, C. H. J., Van Assen, M. A. L. M., Epskamp, S., & Wicherts, J. M. (2016). The prevalence of statistical reporting errors in psychology (1985-2013). *Behavior Research Methods*, 48(4), 1205–1226. https://doi.org/10.3758/s13428-015-0664-2.

Nuijten, M. B., Van Assen, M. A. L. M., Veldkamp, C. L. S., &

Wicherts, J. M. (2015). The replication paradox: Combining studies can decrease accuracy of effect size estimates. *Review of General Psychology*, 19(2), 172–182. https://doi.org/10.1037/gpr0000034.

Open Science Collaboration (2015). Estimating the reproducibility of psychological science. *Science*, 349, aac4716. https://doi.org/10.1126/science.aac4716.

Pennock, R. T., & O'Rourke, M. (2017). Developing a scientific virtuebased approach to science ethics training. *Science and Engineering Ethics*, 23, 243–262. https://doi.org/10.1007/s11948-016-9757-2.

Pinker, S. (2021). *Rationality: What it is, why it seems scarce, why it matters*. New York: Viking.

Pituch, K. A., & Stevens, J. P. (2016). *Applied multivariate statistics for the social sciences* (6th ed.). New York: Routledge.

Quintana, D. S. (2021). Replication studies for undergraduate theses to improve science and education. *Nature Human Behavior*. https://doi.org/10.1038/s41562-021-01192-8.

Ritchie, J., Lewis, J., McNaughton Nicholls, C., & Ormston, R. (2013, Eds.). *Qualitative research practice: A guide for social science students and researchers*. London: Sage.

Romero, F., & Sprenger, J. (2020). Scientific self-correction: The Bayesian way. *Synthese*. https://doi.org/10.1007/s11229-020-02697-x.

Rosenthal, R. (1979). The "file drawer problem" and tolerance for null results. *Psychological Bulletin*, 86, 638–641.

Rowntree, D. (2018). Statistics without tears. An introduction for non-mathematicians. Penguin Books.

Rubin, M. (2020). Does preregistration improve the credibility of research findings? *The Quantitative Methods for Psychology*, 16(4), 376–390. https://doi.org/10.20982/tqmp.16.4.p376.

Salsburg, D. S. (2017). *Errors, blunders, and lies. How to tell the difference*. Boca Raton, FL: CRC Press/Taylor & Francis Group.

Sanna, L. J., Chang, E. C., Miceli, P. M., & Lundberg, K. B. (2011). Rising up to higher virtues: Experiencing elevated physical height uplifts prosocial actions. *Journal of Experimental Social Psychology*, 47, 472–476. [Retracted article]

Saris, W. E., & Gallhofer, I. N. (2007). *Design, evaluation, and analysis of questionnaires for survey research*. Hoboken, NJ: Wiley.

Schafer, J. L., & Graham, J. W. (2002). Missing data: Our view of the state of the art. *Psychological Methods*, 7, 147–177. https://doi.org/10.1037//1082-989X.7.2.147.

Seaman, J. W. Jr., Odell, P. S., & Young, D. M. (1985). Maximum variance unimodal distributions. *Statistics & Probability Letters*, 3, 255–260.

Shadish, W. R., Cook, T. D., & Campbell, D. T. (2002). *Experimental and quasi-experimental designs for generalized causal inference, Volume 1*. Boston, MA: Houghton Mifflin.

Sijtsma, K. (2016). Playing with data—Or how to discourage questionable research practices and stimulate researchers to do things right. *Psychometrika*, 81, 1–15.

Sijtsma, K., Emons, W. H. M., Steneck, N. H., & Bouter, L. M. (2021). Steps toward preregistration of research on research integrity. *Research Integrity and Peer Review, 6*. https://doi.org/10.1186/s41073-021-00108-4.

Sijtsma, K., & Van der Ark, L. A. (2021). *Measurement models for psychological attributes*. Boca Raton, FL: Chapman & Hall/CRC.

Simmons, J. P., Nelson, L. D., & Simonsohn, U. (2011). False-positive psychology: Undisclosed flexibility in data collection and analysis allows presenting anything as significant. *Psychological Science*, 22, 1359–1366. https://doi.org/10.1177/0956797611417632.

Simonsohn, U. (2013). Just post it: The lesson from two cases of fabricated data detected by statistics alone. *Psychological Science*, 24, 1875–1888. https://doi.org/10.1177/0956797613480366.

Smit, M. (2012). De val van Don Poldermans (Don Poldermans' downfall). *Medisch Contact*, 67, 874–878.

Stapel, D. A., & Lindenberg, S. (2011). Coping with chaos: How disordered contexts promote stereotyping and discrimination. *Science*, 332, 251–253. [Retracted article]

Steneck, N. H. (2006). Fostering integrity in research: Definitions, current knowledge, and future directions. *Science and Engineering Ethics*, 12, 53–74.

Stricker, J., & Günther, A. (2019). Scientific misconduct in psychology. A systematic review of prevalence estimates and new empirical data. *Zeitschrift für Psychologie*, 227, 53–63. https://doi.org/10.1027/2151-2604/a000356.

Stroebe, W. (2019). What can we learn from many labs replications? *Basic and Applied Social Psychology*, 41, 91–103. https://doi.org/10.1080/01973533.2019.1577736.

Stroebe, W., Postmes, T., & Spears, R. (2012). Scientific misconduct and the myth of self-correction in science. *Perspectives on Psychological Science*, 7, 670–688. https://doi.org/10.1177/1745691612460687.

Tabachnik, B. G., & Fidell, L. S. (2007). *Using multivariate statistics*. Boston, MA: Pearson.

Thavarajah, S., White, W. B., & Mansoor, G. A. (2003). Terminal digit bias in a specialty hypertension faculty practice. *Journal of Human Hypertension*, 17, 819–822. Downloaded from: https://www.nature.com/articles/1001625.pdf?origin=ppub.

Trafimow, D. (2018). An a priori solution to the replication crisis. *Philosophical Psychology*, 31(8), 1188–1214. https://doi.org/10.1080/09515089.2018.1490707.

Trafimow, D., Amrhein, V., Areshenkoff, C. N., Barrera-Causil, C. J., Beh, E. J. et al. (2018). Manipulating the alpha level cannot cure significance testing. *Frontiers in Psychology*. https://doi.org/10.3389/fpsyg.2018.00699.

Tsuruda, K. M., Hofvind, S., Akslen, L. A., Hoff, S. R., & Veierød. M. B. (2020). Terminal digit preference: A source of measurement error in breast cancer diameter reporting. *Acta Oncologica*, 59, 260–267. https://doi.org/10.1080/0284186X.2019.1669817.

Tversky, A., & Kahneman, D. (1971). Belief in the law of small numbers. *Psychological Bulletin*, 76, 105–110.

Tversky, A., & Kahneman, D. (1973). Availability: A heuristic for judging frequency and probability. *Cognitive Psychology*, 5, 207–232.

Tversky, A., & Kahneman, D. (1974). Judgment under uncertainty: Heuristics and biases. *Science*, 185, 1124–1131.

Ulrich, R., & Miller, J. (2020). Questionable research practices may have little effect on replicability. *eLife*, 9, e58237. https://doi.org/10.7554/eLife.58237.

Van Belle, G. (2008). *Statistical rules of thumb*. Hoboken, NJ: Wiley.

Van Buuren, S. (2018). *Flexible imputation of missing data.* Boca Raton, FL: Chapman & Hall/CRC.

Van de Schoot, R., Kaplan, D., Denissen, J., Asendorpf, J. B., Neyer et al. (2014). A gentle introduction to Bayesian analysis: Applications to developmental research. *Child Development*, 85, 842–860.

Van de Schoot, R., Winter, S. D., Griffioen, E., Grimmelikhuijsen, S, Arts, I. et al. (2021). The use of questionable research practices to survive in academia examined with expert elicitation, prior-data conflicts, Bayes factors for replication effects, and the Bayes truth serum. *Frontiers in Psychology, Quantitative Psychology and Measurement*, 12, 621547. https://doi.org/10.3389/fpsyg.2021.621547.

Van den Berg, R. (2021). *Een gedreven buitenstaander. J. H. van't Hoff, de eerste Nobelprijswinnaar voor scheikunde (An enthusiastic outsider. J. H. van't Hoff, first Nobel laureate for chemistry).* Amsterdam: Prometheus.

Van Dijk, W., Ouwerkerk, J., & Vliek, M. (2015). *Verslag ASPO-commissie: bijdragen Diederik Stapel aan het Jaarboek Sociale Psychologie.* ASPO Press.

Van Doorn, J., Van den Bergh, D., Böhm, U., Dablander, F., Derks, K. et al. (2021). The JASP guidelines for conducting and reporting a Bayesian analysis. *Psychonomic Bulletin and Review*, 28, 813–826. https://doi.org/10.3758/s13423-020-01798-5.

Van Ginkel, J. R., Sijtsma, K., Van der Ark, L. A., & Vermunt, J. K. (2010). Incidence of missing item scores in personality measurement, and simple item-score imputation. *Methodology: European Journal of Research Methods for the Behavioral and Social Sciences*, 6, 17–30.

Van Kolfschoten, F. (1993). *Valse vooruitgang. Bedrog in de Nederlandse wetenschap (False progress. Deceit in Dutch science)*. Amsterdam: Uitgeverij Contact.

Van Kolfschoten, F. (2012). *Ontspoorde wetenschap. Over fraude, plagiaat en academische mores (Derailed science. About fraud, plagiarism and academic standards)*. Amsterdam: Uitgeverij De Kring.

Vines, T. H., Albert, A. Y. K., Andrew, R. L., Débarre, F., Bock, D. G. et al. (2014). The availability of research data declines rapidly with article age. *Current Biology*, 24, 94–97. http://dx.doi.org/10.1016/j.cub.2013.11.014.

Wagenmakers, E. J. (2007). A practical solution to the pervasive problems of p values. *Psychonomic Bulletin & Review*, 14, 779–804.

Wagenmakers, E. J., Marsman, M., Jamil, T., Ly, A., & Verhagen, J. (2018). Bayesian inference for psychology: Part I: Theoretical advantages and practical ramifications. *Psychonomic Bulletin &Review*, 25, 35–57. https://doi.org/10.3758/s13423-020-01798-5.

Wagenmakers, E. J., Wetzels, R., Borsboom, D., & Van der Maas, H. L. J. (2011). Why psychologists must change the way they analyze their data: The case of Psi: Comment on Bem (2011). *Journal of Personality and Social Psychology*, 100, 426–432. https://doi.org/10.1037/a0022790.

Wagenmakers, E. J., Wetzels, R., Borsboom, D., Van der Maas, H. L. J., & Kievit, R. A. (2012). An agenda for purely confirmatory research. *Perspectives on Psychological Science*, 7, 632–638.

Wainer, H. (2016). *Truth or truthiness. Distinguishing fact from fiction by learning to think like a datascientist.* Cambridge: Cambridge University Press.

Wallach, J. D., Boyack, K. W., & Ioannidis, J. P. A. (2018). Reproducible research practices, transparency, and open access data in the biomedical literature, 2015–2017. *PLoS Biology*, 16(11), e2006930. https://doi.org/10.1371/journal.pbio.2006930.

Wicherts, J. M., & Bakker, M. (2012). Publish (your data) or (let the data) perish! Why not publish your data too? *Intelligence*, 40, 73–76.

Wicherts, J. M., Borsboom, D., Kats, J., & Molenaar, D. (2006). The poor availability of psychological research data for reanalysis. *American Psychologist*, 61, 726–728.

Wicherts, J. M., Veldkamp, C. L. S., Augusteijn, H. E. M., Bakker, M., Van Aert, R. C. M. et al. (2016). Degrees of freedom in planning, running, analyzing, and reporting psychological studies: A checklist to avoid *p*-hacking. *Frontiers in Psychology,* 7. https://doi.org/10.3389/fpsyg.2016.01832.

Wiggins, J. S. (1973). *Personality and prediction. Principles of personality assessment.* Menlo Park, CA: Addison-Wesley.

Wild, C. J., & Pfannkuch, M. (1999). Statistical thinking in empirical enquiry (with discussion). *International Statistical Review*, 67, 223–265.

Wilkinson, M. D., Dumontier, M., Aaldersberg, I. J. J., Appleton, G., Axton, M. et al. (2016). The FAIR Guiding Principles for scientific data management and stewardship. *Scientific Data*, 3, 160018. https://doi.org/10.1038/sdata.2016.18.

Winer, B. J. (1971). *Statistical principles in experimental design.* Tokyo: Mc-Graw-Hill.

Zwart, H. (2017). *Tales of research misconduct. A Lacanian diagnostics of integrity challenges in science novels.* Cham: Springer Nature.

致谢

经过长期的克制，主要是因为看到了太多科研学术行为造成的恶果，我感到在经过若干年并进行一些心理疏导后，应该写这本书了。与其他关于学术造假及其程度较轻但可能更具破坏性的表亲——有问题的研究行为——的出版物相比，本书有两方面不同。首先，我强调研究人员对方法论和统计推理掌握不佳是导致有问题的研究行为的主要原因之一。其次，我并没有提出使用统计的新规则，而是提倡研究计划的预注册、数据公开以及及时寻求统计建议等政策措施。职业压力和发表偏倚等情境影响会放大有问题的研究行为的发生，但相关文献对这些影响的片面关注，分散了许多研究人员对方法论和统计推理掌握不佳的注意力，而这正是导致有问题的研究行为的原因。

为了写这本书，我依靠了我的专业——应用统计学，以及我在一所大学担任院长的经历，这所学院在2011年首次曝光了一起数据欺诈大事件。统计学知识帮助我理解了为什么统计学对很多人来说是一个滑坡。作为一名管理者，我不得不处理欺诈和有问题的研究行为，这进一步增强了我对使用统计问题的认识。从心理学的精华中汲取启示使我进一步相信，与教育相比，政策可能更有助于防止学术欺诈并促使研究人员以负责任的方式开展研究。

本书有三个特点。第一，虽然学术不端行为和有问题的研究行为在全球科学界随处可见，但我作为荷兰一所社会与行为科学学院的应用统计学家的背景，使我更倾向于采用来自这些领域与区域的例子和经验。我相信，这些局限性不会对我的论述构成严重障碍。第二，你将读到的是一篇以统计学、心理学和管理学的见解为支撑的文本，而不是从无可置疑的公理中正式推导出一个结果。因此，有讨论和提出异议的余地。第三，我讨论了研究中存在的问题，提出了缓解这些问题的条件，但并没有一劳永逸地解决这些问题。这是一个需要持续关注的问题。

我感谢马塞尔·范·阿森、伊尔亚·范·贝斯特、莱克斯·鲍特、雅普·德尼森、朱尔斯·埃利斯、威尔科·埃蒙斯、阿涅塔·菲舍尔、帕特里克·格罗嫩、彼得·范德黑登、赫伯特·霍伊廷克、顿·霍尔、汉·范德马斯、马蒂恩·诺伦、米歇尔·努伊滕、海丝特·西茨玛、汤姆·斯奈德斯、马克·范·韦尔德霍

致　谢

芬和杰尔特·维切特，他们提供的宝贵信息帮助我撰写本书。雅普·德尼森、威尔科·埃蒙斯和三位匿名审稿人对本书初稿提出了有用的意见。威尔科·埃蒙斯对第2章、第4章和第5章中的模拟研究进行了编程和讨论，并提供了一些图表。约翰·基梅尔和拉拉·斯皮克尔作为出版人提供了宝贵意见。辛迪·克鲁姆林对文本进行了校对。我们在模拟示例中使用的软件可在开放科学框架（Open Science Framework）中找到：https://osf.io/h2awx/。我对本书中存在的缺陷负责，欢迎讨论。

克拉斯·西茨马，2022年10月